AF262023

ESSAI D'OPTIQUE,

SUR

LA GRADATION

DE LA LUMIERE.

Par M. BOUGUER, *Professeur Royal en Hydrographie.*

A PARIS,

Chez CLAUDE JOMBERT, ruë S. Jacques,
au coin de la ruë des Mathurins,
à l'Image Notre-Dame.

M. DCCXXIX.

Avec Approbation & Privilege du Roi.

A MONSEIGNEUR

LE COMTE

DE MAUREPAS,

MINISTRE ET SECRETAIRE d'Etat, & Commandeur des Ordres de Sa Majesté.

ONSEIGNEUR,

La puiſſante protection que VO-
TRE GRANDEUR accorde à tous
ceux qui tâchent par leur étude de ſe

ã iij

EPISTRE.

rendre utiles au Public, m'est un sûr garand qu'Elle me fera la grace de rec. voir d'une maniere favorable l'Essai d'Optique que j'ai l'honneur de lui présenter. Il contient comme un nouvel Art: puisqu'au lieu qu'on ne s'étoit attaché jusqu'ici dans cette partie de Mathématique, qu'à examiner la situation ou direction des raïons, ou tout au plus la décomposition que souffre la lumiere, lorsqu'elle se divise dans les couleurs primitives ; j'entreprends de donner une Théorie sur la Transparence & sur l'Opacité des corps, avec la Méthode de comparer par le calcul & par l'expérience les diverses forces de la lumiere. Il est vrai, MONSEIGNEUR, que mes recherches sont poussées si peu loin, qu'elles laissent encore un vaste champ à tous

EPISTRE.

ceux qui voudront perfectionner cette
matiere. Mais ne sçait-on pas que les
Arts les plus simples ont eu leurs différens âges, & que ce seroit comme
étoufer dans le berceau les découvertes qu'on peut faire dans la suite,
que de méprifer toutes les premieres
tentatives, sous prétexte que ce ne
font encore que de foibles commencemens ?

Bien loin, MONSEIGNEUR,
que j'aie à craindre ce jugement de la
part de VOTRE GRANDEUR, rien
ne préviendra davantage le Public
pour moi, que la bonté que vous avez
de souffrir que ce petit Livre paroisse
sous votre illuftre Nom. Il n'est donc
pas néceffaire de faire valoir ici l'u-
tilité des recherches de Physique ; je
dois plûtôt me souvenir des marques
éclatantes que vous donnez sans cef-

á iiij

ſe de votre eſtime & de votre amour pour les Sciences. Vous ne vous contentez pas, MONSEIGNEUR, de ſoutenir de vos regards ceux qui les cultivent, vous les cultivez vous-même; & vous vous les êtes renduës ſi familieres, qu'elles font dans l'adminiſtration des affaires les plus importantes de l'Etat, vos plus chers & vos plus agréables délaſſemens. J'ai l'honneur d'être avec un très-profond reſpect,

MONSEIGNEUR,

Votre très-humble & très-obéïſſant ſerviteur,
BOUGUER.

PRÉFACE.

L A plûpart des personnes un peu verſées dans l'Optique, ſçavent qu'il y a fort long-tems qu'on cultive cette partie des Mathématiques mixtes. Euclide & Ptolomée, & pluſieurs ſiecles après eux, Alhazen & Vitellion ont travaillé à l'Optique proprement dite, & à la Catoptrique ; c'eſt-à-dire, qu'ils ont examiné la propriété qu'a la lumiere de ſe tranſmettre en ligne droite, & celle qu'elle a de ſe réfléchir à la rencontre des miroirs ou des autres corps polis. Les Modernes ont enſuite examiné la réfraction ou la courbure que ſouffre la lumiere, lorſqu'elle traverſe obliquement des milieux de différentes denſitez. C'eſt

PRE'FACE.

Snellius qui a le premier découvert la loi de ces réfractions; mais M. Descartes la considérant de plus près, en a poussé l'application extrêmement loin. Il a expliqué l'usage des humeurs, & de toutes les parties de l'œil, avec la maniere dont se fait la vision; & déterminant après cela la figure que doivent avoir les verres de lunettes, il a répandu toutes ces prétieuses semences d'inventions, qui ont perfectionné les microscopes & tous ces autres instrumens, dont la Dioptrique se sert avec tant de succès, pour suppléer à la foiblesse de nos yeux, & pour satisfaire notre curiosité, au-delà même de notre attente. Enfin M. Newton, ce grand Mathématicien, dont l'Angleterre & toute l'Europe sçavante regrettent encore la perte, a considéré la lumiere d'un côté tout différent. Il a fait voir quelle est sa composition, comment elle résulte du mélange des couleurs primitives; & comment chaque couleur est sujette à une réfraction différente qui lui est particuliere.

PREFACE.

Il peut fembler qu'après toutes ces vaftes fpéculations qui ont encore été perfectionnées & mifes dans un plus grand jour par une infinité d'Auteurs, il ne doit plus rien refter à découvrir dans cette matiere : cependant il eft facile de s'appercevoir; que comme on s'eft prefque toujours borné juf-qu'ici à examiner la feule fituation, ou direction des raïons, il doit man-quer encore à l'Optique une partie toute entiere, qui auroit la force ou la vivacité de la lumiere pour objet. C'eft ce qu'on a déja reconnu il y a affez long-tems : car fans qu'il foit néceffaire de remonter plus haut, M. Auzout fe plaignoit dans une de fes Lettres il y a plus de foixante ans, de ce qu'on ne pouvoit pas déterminer de combien de degrez une lumiere furpaffoit une autre, quoiqu'on fçût certainement qu'elle fût plus forte. Il eft vrai que M. Huguens a enfei-gné depuis dans fon *Cofmotheoros* la maniere de comparer la lumiere des Etoiles avec celle du Soleil : mais ou-tre que le moïen qu'il propofe n'eft pas suffisant ; il est certain que pour ajouter une nouvelle partie à l'Optique, ce n'est pas assez de donner une méthode reglée de faire des expériences sur la force de la lumiere ; il faut aussi fournir des moïens de tirer de ces expériences toutes les inductions nécessaires, & de comparer par le calcul les divers degrez de force ou de vivacité des raïons. En effet un observateur est toujours laissé, pour ainsi dire, où il en est par des opérations dénuées de Théorie : supposé qu'il trouve la perte que cause à la lumiere une certaine épaisseur d'un corps diaphane, il ne sçaura point par-là, la perte que doivent produire toutes les autres épaisseurs ; & il faudroit qu'il répetât ses expériences à l'infini, avant de réüssir à satisfaire entierement sa curiosité, sur la transparence ou sur l'opacité d'un seul corps.

C'est pour éviter cet inconvénient qu'après avoir expliqué dans la premiere section de ce petit Traité, la maniere d'acquerir des connoissances

PREFACE.

de fait, en mesurant actuellement la force de la lumiere, on tâche de montrer ensuite l'usage qu'on en peut faire, pour parvenir à toutes les autres connoissances dont on peut avoir besoin. On ne se proposoit d'abord que de déterminer combien la lumiere du Soleil est plus forte lorsque cet astre est à une grande hauteur audessus de l'horison, que lorsqu'il est à une petite. On y fut porté par un Mémoire qui parut dans le volume de 1721. des Mémoires de l'Academie Royale des Sciences, & dans lequel M. de Mairan suppose qu'on sache le rapport des lumieres du Soleil aux deux hauteurs méridiennes des solstices d'Eté & d'Hyver. Aïant lû ce Mémoire avec cette attention qu'on ne peut pas s'empêcher de donner à tous les Ouvrages qui sortent des mains de cet illustre Académicien, il ne me fut pas possible de résister plus longtems à l'envie de chercher quelques Moïens de faire les observations qu'il indique. Monsieur de Mairan ne fait que les supposer, parce que ce n'eſt pas de ces obſervations dont il s'agit préciſement dans ſon Ecrit; mais il marque néanmoins, en citant M. Huguens, que ſi elles ſont extrémement difficiles, on n'eſt pas en droit de deſeſperer de leur ſuccès. C'eſt ce qui me fit tâcher de meſurer la force de la lumiere de la Lune dans deux différentes élevations; & invité énſuite par la facilité de la méthode à laquelle je m'étois arrêté, j'en fis ces autres aplications dont les Lecteurs peuvent avoir vû le détail* dans l'hiſtoire de 1726. Quelque foibles que fuſſent ces commencemens, je ne pouvois pas manquer de les ſoumetre au jugement de l'Academie : la ſimplicité du moïen pouvoit le rendre conſidérable, & je dois ajouter que rien ne m'excita davantage à continuer ce travail, que la maniere obligeante, dont l'Academie toujours prête, ou à éclairer ou à encourager tous ceux qui s'adreſſent à Elle, voulut bien en recevoir les premiers fruits. Il reſteroit encore à examiner la diminution que ſouffre la

*Il y a une faute conſidérable d'impreſſion dans ce détail. P. 12. l. 15. liſez 2000. au lieu de 400.

lumiere, lorfqu'elle fe divife en plufieurs couleurs : il me femble même
entrevoir qu'en fuivant cette matiere,
on pouroit foumettre aux regles exactes de la Géometrie une partie de la
Peinture qu'on n'y a point encore af-
fujettie ; c'eft-à-dire, la *Perfpective
aërienne*, ou cette gradation *des teintes & demies teintes*, qui eft caufe
que les parties d'un tableau femblent
fuïr ou avancer. Mais on a cru qu'il
étoit toujours à propos de publier cet
Effai tel qu'il eft. C'eft le moïen d'af-
focier à ce travail un grand nombre
d'Obfervateurs intelligens, & de faire en forte que cette matiere foit portée beaucoup plus promptement vers
fa perfection.

Au furplus, il eft bon d'avertir que
quoique les obfervations de la premiere fection aïent été répetées un
très-grand nombre de fois, & qu'il y
en ait même quelques-unes qui l'ont
été plus de cent fois, en préfence de
plufieurs perfonnes, dont on a eu toujours le foin de confulter les yeux, on
a cependant lieu de craindre qu'elles
ne foient pas encore affez exactes. Il

eſt ſi difficile de ſe ſatisfaire pleinement dans ces ſortes d'expériences,
qu'on feroit preſque tenté de ne pro-
poſer celles-ci, que comme de ſim-
ples modeles de celles qu'on pourra
faire dans la ſuite. Mais enfin on doit
ſe ſouvenir que c'eſt ici comme la
premiere fois qu'on meſure la lumiere, & que c'eſt toujours quelque choſe, ſi on a eu le bonheur de trouver
les vrais principes dans cette matiere,
& de marquer l'entrée d'un chemin
qu'il ne reſtera plus qu'à ſuivre. Les
Obſervateurs qui voudront répeter
nos expériences, pourront auſſi y
apporter plus de préciſion que nous:
ils pourront, par exemple, diſtinguer
la diminution que ſouffre la lumiere
par la rencontre des parties intérieures des corps tranſparens, de la diminution que cauſent les deux ſurfaces,
en faiſant réflechir une partie des
raïons. On n'a point ici ſeparé ces
deux diminutions; parce qu'on a cru
que la derniere étoit trop foible
dans l'eau & dans le verre pour ê-
tre conſiderée à part; ſur tout lorſque

PREFACE.

que la lumiere rencontre les furfaces
perpendiculairement. C'eſt ce que
nous avons auſſi reconnu par quelques expériences : car nous avons
éprouvé pluſieurs fois que ce n'eſt
point ordinairement la lumiere qui
eſt réfléchie par la ſurface, mais celle
qui nous eſt renvoïée par les parties
du milieu, qui nous empêche de
voir le fond de l'eau, dans les endroits où il y a dix-huit ou vingt
pieds de profondeur. Pour m'en aſſurer, j'ai regardé ſouvent dans la
Mer avec un tuïau que je plongeois
un peu, & dont j'avois fermé l'ex-
tremité d'en-bas par un morceau de
verre ; & quoique la ſurface de l'eau
ne réfléchît plus enſuite de lumiere
vers mon œil, je ne voïois cependant
pas mieux qu'auparavant : mais ce
n'étoit pas la même choſe, lorſqu'é-
tendant une toile cirée ſur la ſurface,
je faiſois en ſorte qu'une certaine
étenduë de la Mer ſe trouvât dans
l'ombre, ſans que la partie du fond
que je voulois découvrir, ceſſât d'être
éclairée du Soleil. Cette expérience

é

PRE'FACE.

prouve affez que la lumiere qui eft réfléchie par la furface des corps tranfparens, n'eft pas fi confidérable qu'on le pourroit penfer, & qu'elle eft prefque toujours très-foible par rapport à celle qui eft renvoïée par les parties intérieures. Cependant pour *M. de déférer au fentiment d'un* des plus
Reau- grands Phyficiens que nous aïons,
mur. qui accoutumé à porter une rigoureufe précifion dans toutes fes recherches, fouhaiteroit qu'on ne négligeât auffi rien dans les matieres qu'on traite ici, nous dirons qu'il eft toujours facile de diftinguer les deux lumieres dont il s'agit, ou de diftinguer les deux différentes diminutions que fouffre la lumiere totale. S'il eft queftion, par exemple, de la tranfparence du verre, il n'y aura qu'à mefurer par les méthodes de la premiere fection, combien la lumiere diminuë en traverfant un morceau de verre d'un pouce d'épaiffeur; & combien elle diminuë en traverfant un autre morceau épais de deux pouces. Cette obfervation donnera les deux

diminutions totales ; c'eſt-à-dire , telles qu'elles ſont produites , & par la
rencontre des parties intérieures du
verre , & par les réflexions qui ſe font
ſur les deux ſurfaces: mais comme ces
ſurfaces ſont ſuppoſées également po-
lies, elles feront réfléchir préciſement
la même quantité de lumiere dans les
deux corps ; & ainſi toute la différence ne viendra que de ce qu'un morceau eſt plus épais que l'autre d'un
pouce. C'eſt pourquoi il ne reſtera plus
qu'à comparer les deux diminutions
enſemble , ou qu'à examiner combien
de fois l'une eſt plus grande que l'autre , pour ſçavoir combien un pouce
d'épaiſſeur de verre fait diminuer la
lumiere, par l'obſtacle que forment au
paſſage des raïons les ſeules parties intérieures. On pourra faire enſuite ſur
cette diminution , les calculs qui
ſont indiquez dans ce petit Ouvra-
ge; & ſi on la compare avec celle qu'-
on avoit trouvée d'abord pour le
premier morceau de verre , on verra
l'affoibliſſement que cauſent en par-
ticulier les deux ſurfaces , & on

é ij

pourra y avoir égard dans l'occafion. Ce fera la même chofe pour tous les autres corps ; la Méthode eft générale : mais nous devons ajouter qu'elle ne fera néanmoins bien exacte, que dans le feul cas où l'application en fera abfolument néceffaire ; c'eft-à-dire, dans le cas où les furfaces intercepteront une grande partie de la lumiere. C'eft ce qu'elles feront principalement, comme on le fçait, lorfqu'elles feront brutes ou mattes, comme celles du verre ufé avec du fable, & alors la méthode donnera donc avec affez de précifion la quantité de la lumiere qui fera arrêtée à l'entrée & à la fortie du corps. Mais fi on vouloit découvrir cette même quantité, lorfqu'elle eft peu confidérable, il arriveroit prefque toujours que les erreurs inévitables qu'on commet dans les obfervations l'altéreroient beaucoup ; & peut-être même qu'on la trouveroit fous une forme contraire ou *négative*, de forte qu'il fembleroit par la comparaifon des expériences, que la lumiere en rencontrant les furfaces, augmenteroit au lieu de diminuer.

partiendra , Salut. Notre bien amé
Claude Jombert Libraire à Paris, nous ayant fait supplier de lui
accorder nos Lettres de Permission,
pour l'impression d'un *Essai d'Optique
sur la Gradation de la Lumiere, par le sieur*
Bouguer ; offrant pour cet effet de
le faire imprimer en bon papier &
beaux caracteres, suivant la feüille imprimée & attachée pour modéle sous
le contrescel des présentes : Nous lui
avons permis & permettons par ces
présentes , de faire imprimer ledit Livre ci-dessus specifié , en un ou plusieurs Volumes, conjointement ou séparément, & autant de fois que bon
lui semblera, sur papier & caracteres
conformes à ladite feüille imprimée ,
& attachée pour modéle sous notredit
contrescel ; & de le vendre , faire vendre & debiter par tout notre Royaume pendant le tems de trois années
consécutives , à compter du jour de
la date desdites présentes ; Faisons dé-
fenses à tous Libraires Imprimeurs, &
autres personnes de quelque qualité
& condition qu'elles soient, d'en introduire d'impression étrangere dans aucun lieu de notre obéissance. A la char-
ge que ces présentes seront enregistrées
tout au long sur le Registre de la Com-

munauté des Libraires Imprimeurs de
Paris dans trois mois de la date d'icelles ; que l'impreſſion de ce Livre ſera
faite dans notre Royaume & non ailleurs ; & que l'Impetrant ſe conforme-
ra en tout aux Reglemens de la Librai-
rie, & notamment à celui du 10. Avril
1725. & qu'avant que de l'expoſer en
vente, le Manuſcrit ou imprimé qui
aura ſervi de Copie à l'impreſſion dudit Livre ſera remis dans le même état
où l'Approbation y aura été donnée,
ès mains de notre très - cher & feal
Chevalier Garde des Sceaux de France le ſieur Chauvelin ; & qu'il en ſera
enſuite remis deux Exemplaires dans
notre Bibliotheque publique, un dans
celle de notre Château du Louvre, &
un dans celle de notredit très-cher &
feal Chevalier Garde des Sceaux de
France le ſieur Chauvelin; le tout à peine de nullité des preſentes. Du contenu deſquelles vous mandons & enjoi-
gnons de faire joüir l'Expoſant ou ſes
ayans cauſes pleinement & paiſible-
ment, ſans ſouffrir qu'il leur ſoit fait
aucun trouble ou empêchement ; Voulons qu'à la copie deſdites preſentes
qui ſera imprimée tout au long au
commencement ou à la fin dudit Livre
foi ſoit ajoûtée comme à l'original.

Commandons au premier notre Huif-
fier ou Sergent de faire pour l'execu-
tion d'icelles tous Actes requis & ne-
ceffaires, fans demander autre permif-
fion ; & nonobftant clameur de Haro,
Charte Normande & Lettres à ce con-
traires ; Car tel eft notre plaifir. Donné à Paris le feiziéme jour du mois
d'Avril, l'an de grace mil fept cens
vingt-neuf, & de nôtre Regne le qua-
torziéme. Par le Roi en fon Confeil.
FOUBERT.

*Regiftré fur le Regiftre VII. de la Cham-
bre Royale des Imprimeurs & Libraires de
Paris N. 352. fol. 297 conformément aux
anciens Reglemens confirmez par celui du
28. Fevrier 1723. A Paris le 26. Avril
1729.*

J. B. COIGNARD, *Syndic.*

ESSAI

ESSAI
D'OPTIQUE,
SUR
LA GRADATION
DE LA LUMIERE.

PREMIERE SECTION.

Methodes de mesurer la force de la lumiere.

I.

NE des principales proprié-
tez de la lumiere est d'être
distribuée en plusieurs rayons,
qui avancent tous chacun à
part en ligne droite, & qui forment
une espece de pyramide dont le corps

A

lumineux est le sommet. Cette propriété est cause que la lumiere devient plus
foible, à mesure qu'on la reçoit à une
plus grande distance du corps lumineux. Si on en est d'abord très-proche
& qu'on s'en éloigne ensuite de cinquante ou soixante pas, plusieurs
rayons qui entroient dans l'œil en tom-
beront fort loin; parce qu'en avançant
en ligne droite, ils s'écartent tous de
plus en plus les uns des autres. De cette
sorte, les rayons qui étoient très-den-
ses ou très-serrez, se trouvent disper-
sez dans une grande étenduë, & la
force de la lumiere doit suivre la raison
inverse des quarrez de la distance au
corps lumineux; parce que les espaces
dans lesquels les rayons se trouvent
répandus augmentent en raison directe
de ces mêmes quarrez.

Pour rendre cette vérité plus sensible, quoiqu'elle soit reconnuë de tous
les Lecteurs qui sont initiez dans l'Optique, nous supposerons qu'après avoir
reçu la lumiere d'un flambeau à une
certaine distance, nous nous en met-
tions à une distance trois fois plus
grande. Les rayons du flambeau, qui
viennent vers nous, occuperont dans
le second cas une étenduë neuf fois
plus grande que dans le premier; ce

leur divergence fera caufe qu'ils tom-
beront fur un efpace qui aura trois fois
plus de largeur & trois fois plus de
hauteur. Mais puifque la même quantité de rayons fe diftribuë dans une
étenduë neuf fois plus grande , il en
tombera neuf fois moins en chaque
endroit, & la lumiere fera par confe-
quent neuf fois plus foible. Si on fe
met pareillement à une diftance dix
fois plus grande , les rayons qui vont
toujours en s'éloignant les uns des autres , occuperont un efpace cent fois
plus grand , & chaque endroit fera
cent fois moins éclairé. En un mot les
rayons forment toujours, comme nous
l'avons dit, une pyramide dont le corps
lumineux eft le fommet , & dont la
bafe eft la furface fur laquelle on reçoit
la lumiere. Or comme cette bafe augmente précisément en même raifon ,
que le quarré de la diftance au corps
lumineux, & qu'elle ne reçoit cependant toujours dans toute fon étenduë ,
que le même nombre de rayons, il eft
fenfible qu'elle en recevra moins dans
chaque de fes points, & que la force
de la lumiere fera précisément plus petite en même raifon , que le quarré de
la diftance fera plus grand.

Ce que nous difons ici, peut s'appli-

quer aussi aux foyers des verres ardens
ou des miroirs concaves : car après que
les rayons se sont croisez dans ces
points, ils deviennent divergens, & ils
occupent des espaces qui augmentent
en même raison que les quarrez des
distances au foyer. Mais la lumiere, répanduë de cette sorte dans des espaces
qui sont plus grands , doit être aussi
plus foible précisément en même raison. Il suffit en tout cela que les distances du corps ou du point lumineux ne
soient pas excessives , afin que la lumiere ne diminuë sensiblement que par
sa seule divergence , & non pas par la
rencontre des parties grossieres de l'air,
qui pourroient intercepter plusieurs
rayons dans un plus long trajet. Cela
supposé , nous pourrons toujours faire
changer très-aisément la force de la
lumiere en quelle proportion nous voudrons : nous n'aurons qu'à la recevoir à
differentes distances du corps lumineux , ou bien à differentes distances
du foyer dans lequel nous l'aurons réunie, en nous servant d'un verre convexe. On ne peut rien concevoir de
plus simple ni de plus connu que ce
moyen. Cependant nous n'en employerons point d'autres pour mesurer la
force de la lumiere, & pour déterminer

differentes chofes qu'on a tenté inuti-
lement jufques ici de découvrir, ou
qu'on ne s'eft point encore avisé de
chercher.

I I.

P O u r découvrir en général le rapport de deux lumieres, il n'y a qu'à
faire augmenter ou diminuer l'une, par
le moyen que nous venons d'indiquer,
jufqu'à ce qu'elles paroiffent toutes
deux également fortes, & on jugera
enfuite du rapport qu'elles avoient,
par le changement qu'il a fallu leur
faire fouffrir pour les réduire à l'égalité. Si on recevoit ces deux lumieres à
une même diftance, on verroit bien
que l'une feroit plus forte que l'autre,
mais on ne pourroit jamais diftinguer
précifément de combien : car de tous
les rapports, ce n'eft que l'égalité qu'on
peut remarquer en cette matiere, avec
affez d'exactitude ; & on fe tromperoit
extrémement dans tous les autres rapports. C'eft pourquoi il eft abfolument
neceffaire de faire changer toujours
une des lumieres, jufqu'à ce qu'elle paroiffe égale à l'autre ; & on fçaura toujours en quelle proportion s'eft fait le
changement, fi on remarque à quelle
diftance on s'eft mis des corps lumi-

A iij

neux. Pour découvrir , par exemple, combien la lumiere d'un certain flambeau est plus forte que celle d'une bougie ; on s'éloignera du flambeau , ou l'on s'approchera de la bougie jusqu'à ce qu'ils paroissent éclairer également; & supposé qu'on soit obligé de s'approcher quatre fois davantage de la bougie , on conclurra que sa lumiere étoit seize fois plus foible ; puisqu'il faut la faire augmenter seize fois, par une distance quatre fois plus petite , pour la rendre égale à l'autre.

Il n'y a dans cette méthode aucune difficulté , & il ne peut s'en trouver, que lorsque les deux lumieres ne paroissent pas en même-tems , & qu'on ne peut pas les comparer immédiatement l'une avec l'autre. Mais on peut toujours alors les comparer chacune séparément avec la lumiere d'un même flambeau ou d'une même bougie ; & il sera facile, par le rapport qu'elles auront avec cette lumiere , de reconnoître le rapport qu'elles ont entr'elles. Il n'y a en effet qu'à prendre un flambeau, & l'éloigner ou l'approcher jusqu'à ce qu'il éclaire successivement de la même maniere que les deux lumieres que l'on veut comparer ; & si on prend les quarrez des deux differens éloignemens ,

ces quarrez mis dans un ordre renver-
sé, exprimeront le rapport des lumieres. Si, par exemple, la premiere est
égale à celle du flambeau reçuë à 10
pieds de distance, & que la seconde
soit égale à celle du même flambeau
reçuë à 20 pieds, ce sera une marque
que la premiere est à la seconde comme
400 est à 100, ou que la premiere est
quatre fois plus forte que la seconde.
Car puisque ces deux nombres 400
& 100, qui sont les quarrez de 20
& de 10, expriment les forces de la lumiere du flambeau dans les deux distances, ils doivent exprimer aussi la
force des deux autres lumieres, qui leur
étoient égales, & dont on vouloit découvrir le rapport. Il est vrai qu'il faudroit, pour ne se pas tromper dans une
semblable détermination, que le flambeau auxiliaire, ou ce flambeau dont la
lumiere nous sert de mesure, ne souf-
frît pas la moindre altération entre les
deux experiences, & c'est sur quoi on
ne peut pas trop compter. Mais si on
répete plusieurs fois les mêmes observations, & qu'on les fasse avec soin, il
sera assez facile de distinguer celles qui
se ressentiront moins des irrégularitez
étrangeres.

Au surplus il n'est pas possible de découvrir autrement le rapport de deux lumieres qui ne paroissent pas ensemble. On ne peut pas attendre, par exemple, beaucoup de succès du moyen simple que M. Huguens explique dans son *Cosmotheoros*, & dont il se servit pour découvrir combien la lumiere du soleil est plus forte que celle de l'étoile *Sirius*. M. Huguens faisoit bien diminuer la lumiere du soleil en quel rapport il vouloit, en regardant cet astre par un extrémement petit trou, dont il éloignoit plus ou moins son œil; mais comment pouvoir s'assurer ensuite que cette lumiere étoit égale à celle de *Sirius*, qui ne paroissoit que pendant la nuit, & que je ne sçai combien d'heures après? La même chose arrivera toujours: on ne se souviendra jamais assez bien de la force d'une des lumieres, lorsqu'on sentira actuellement l'autre; à moins qu'on n'en employe une troisiéme, dont on puisse disposer, & dont on puisse s'aider dans l'une & l'autre observation.

Nous ne nous arrêtons pas davantage à expliquer la méthode: les applications que nous allons en faire, à mesurer principalement la transparence des corps, leveront beaucoup mieux toutes les difficultez qui pourroient se présenter.

I I I.

Trouver combien la lumiere diminuë en traverfant un certain nombre de morceaux de verre.

JE tâchai, dans le premier ufage que je fis de la méthode précédente, de découvrir combien la lumiere diminuoit de fois en traverfant 16 morceaux du verre ordinaire dont on fait les vitres, lefquels avoient enfemble 9 $\frac{1}{2}$ lignes d'épaiffeur. Je fis porter pendant la nuit à une affez grande diftance de moi, & de differens côtez, un flambeau & une bougie, & faifant entrer leurs lumieres par deux differens trous dans une efpece de boëte, je les recevois féparément dans le fond avec une égale obliquité ; & je pouvois examiner leur force, parce que j'avois ménagé une troifiéme ouverture, par laquelle je regardois. Je fis d'abord éloigner ou approcher de moi le flambeau & la bougie, jufqu'à ce qu'ils me parurent éclairer également ; mais ayant fait paffer enfuite la lumiere du flambéau au travers de mes 16 morceaux de verre, elle fe trouva fi foible, que je fus obligé pour rétablir l'égalité, de

faire porter la bougie à une distance
15 fois & demie plus grande ; distance
qui faisoit diminuer sa lumiere 240 $\frac{1}{4}$
fois. Il est donc sensible que les 16 morceaux de verre affoiblissoient 240 fois
la lumiere, puisque celle du flambeau
souffroit précisément par leur interpo-
sition, le même changement que celle
de la bougie, qui devoit être 240 fois
plus foible, lorsque je la recevois à une
distance 15 $\frac{1}{2}$ fois plus grande.

Je fis ensuite la même expérience par
une voie un peu differente. Je remarquai que la lumiere de la lune étoit
égale à celle d'une chandelle éloignée
de moi de 27 pieds ; mais qu'après l'a-
voir fait passer au travers de mes 16
morceaux de verre, elle n'étoit plus
égale qu'à celle de la même chandelle
reçuë à environ 430 pieds de distance.
Or la lumiere de la chandelle étoit environ 254 fois moins forte à la seconde
distance qu'à la premiere : car 729 &
184900 font les quarrez de 27 & de
430 ; & le second de ces quarrez contient environ 254 fois le premier. Ainsi
la lumiere devenoit 254 fois plus foible,
selon cette seconde épreuve, en traversant nos 16 morceaux de verre ; au
lieu qu'elle ne diminuoit, selon la premiere, que 240 fois. On pourroit pren-

dre le milieu entre ces deux expériences, & dire que la lumiere diminuoit
environ 247 fois.

I V.

Trouver la diminution que souffre la lumiere
en traversant une certaine épaisseur
d'eau de mer.

P O U R pouvoir appliquer la même
méthode à l'eau de mer, je fis faire
un canal avec des planches, & je le fis
fermer par ses deux extrémitez avec
deux morceaux de verre mis perpendiculairement à sa longueur. Ce canal
avoit environ un demi-pied de largeur,
& il se trouva long de 115 pouces, ou
de 9 pieds 7 pouces ; ce qui étoit toute
la longueur des planches. Je fis ensuite,
pendant la nuit, porter à une très-
grande distance, un flambeau allumé,
& je remarquai que sa lumiere, que je
faisois passer au travers du canal, étoit
égale à celle d'une bougie placée à côté
de moi à 9 pieds de distance. Pour
mieux juger de leur égalité, je les recevois à côté l'une de l'autre, sur la même
surface, avec la même obliquité ; & je
faisois en sorte qu'il ne se mêlât aucune
lumiere étrangere. Je consultois aussi

les yeux de toutes les personnes qui étoient présentes : & aussi-tôt enfin qu'en faisant éloigner ou approcher la bougie, je trouvai le point où les deux lumieres paroissoient égales, je fis remplir le canal d'eau de mer. Mais cette eau fit, comme on le peut penser, diminuer considérablement la lumiere du flambeau ; de sorte qu'elle ne se trouva plus égale qu'à celle de la bougie reçuë à 16 pieds de distance. Il s'ensuit de là que les 115 pouces d'épaisseur d'eau de mer rendent la lumiere environ trois fois plus foible : car le quarré de 16 étant à peu près triple de celui de 9, c'est une marque que la bougie dont la lumiere me servoit de mesure, éclairoit trois fois plus dans le premier cas que dans le second. J'ai répété plusieurs fois la même expérience ; mais il résulteroit, en prenant le milieu entre toutes les épreuves, que la lumiere ne diminuëroit pas tout-à-fait tant, & qu'elle ne le feroit que dans le rapport de 14 à 5.

J'ai vérifié ces mêmes expériences par une autre méthode qui doit être beaucoup plus exacte, parce qu'il ne faut qu'un seul flambeau, & qu'il n'importe que la force de sa lumiere souffre quelque changement , pendant qu'on

fait l'obſervation. Le flambeau ayant
été porté à une grande diſtance, je fis
paſſer ſa lumiere au travers du canal,
qui étoit vuide. Ce paſſage la faiſoit
déja un peu diminuer, à cauſe des deux
morceaux de verre qui étoient aux extrémitez du canal; mais la diminution
fut bien plus conſidérable, lorſque je
fis emplir le canal d'eau de mer ; & il
s'agiſſoit donc de trouver en quel rapport ſe faiſoit cette nouvelle diminution, puiſqu'elle étoit ſeule produite
par le défaut de tranſparence de l'eau.
Pour cet effet, je comparai la lumiere
du flambeau qui paſſoit par le canal
dans les deux cas, avec la lumiere du
même flambeau que je faiſois paſſer au
travers d'un verre convexe de lunette ,
& que je faiſois diminuer plus ou
moins, ſelon que je la recevois au-delà
du foyer, à une plus grande, ou à une
moindre diſtance ; c'eſt-à-dire, qu'au
lieu de prendre, comme ci-devant, la
lumiere d'une bougie pour meſure, je
prenois celle du flambeau même, que
je faiſois paſſer au travers du verre convexe. On conçoit aſſez que je devois
mettre ce verre à côté du canal, &
que de cette ſorte les deux lumieres qui
venoient du flambeau, & qui paſſoient
au travers & du canal , & du verre

convexe , tomboient à côté l'une de l'autre à peu près perpendiculairement sur la surface que je leur exposois, & que c'étoit sur cette surface que je devois examiner leur égalité. Enfin le canal étant vuide, la lumiere qui passoit au travers, étoit égale à celle qui traversoit le verre convexe, & que je recevois au-delà du foyer à une distance de huit pouces : mais lorsque le canal étoit plein d'eau, la lumiere qui passoit au travers, ne se trouvoit plus égale qu'à celle qui traversoit le verre convexe, & que je recevois à 13 pouces de distance du foyer. Ainsi pour sçavoir la diminution que produit une épaisseur d'eau de mer de 9 pieds 7 pouces, il n'y a qu'à voir combien la lumiere qui passe au travers d'un verre convexe, est plus foible, lorsqu'on la reçoit à 13 pouces au-delà du foyer, que lorsqu'on la reçoit simplement à 8 pouces ; & pour cela il n'y a qu'à prendre, comme on le sçait, les quarrez des deux distances 13 & 8 pouces. On trouve de cette sorte que la diminution se fait dans le rapport de 169 à 64 ; rapport qui n'est pas fort éloigné de celui de 14 à 5.

V.

COMME les deux méthodes précédentes font très-générales, on peut les appliquer à tous les corps diaphanes, & on déterminera par-là le degré précis de leur transparence, les uns par rapport aux autres. Mais si on veut que les précautions que nous venons d'indiquer, soient suffisantes, on doit observer que la lumiere du flambeau, dont on fait passer la lumiere au travers du corps transparent, soit toujours tout-à-fait grande par rapport à l'épaisseur de ce corps : car autrement les rayons à leur sortie du corps transparent, ne seroient pas dirigez comme s'ils partoient du flambeau, mais comme s'ils partoient d'un point sensiblement en deçà ; ce qui ne pourroit pas manquer d'apporter du changement dans la force de la lumiere, indépendamment du plus ou du moins de transparence du corps diaphane. Ainsi lorsqu'on voudra répéter les expériences précédentes, & qu'on ne voudra employer simplement que les mêmes moyens, on doit se souvenir de faire toujours éloigner considérablement, comme par exemple, de 50 ou 60 toiſes, le flambeau dont on fera paſſer la lumiere au travers du corps tranſparent. Mais comme les Lecteurs ne voudront peut-être pas s'aſſujettir à ne ſe ſervir ainſi que de grandes diſtances, & que d'ailleurs on n'a pas auſſi toujours la liberté d'en choiſir ; il eſt bon d'expliquer ici comment on peut employer juſqu'aux plus petites.

Fig. 1. Propoſons-nous un corps tranſparent OTXS (Fig. 1.) dont les deux faces OS & TX ſont paralelles entre elles, & exposées perpendiculairement à la lumiere du corps lumineux A. Le rayon ANPH ne ſouffre point de réfraction, parce qu'il eſt perpendiculaire aux deux faces OS & TX ; mais, tous les autres, comme AB & AE, doivent ſe détourner en entrant dans le corps tranſparent, & ils doivent ſe rompre, comme on le ſçait, de maniere qu'il y ait toujours même raiſon entre le ſinus de l'angle d'incidence, & le ſinus de l'angle de réfraction. Nous n'examinons que les rayons qui ſont tout-à-fait proches du perpendiculaire ANPH ; & ces rayons après s'être rompus, doivent ſuivre des lignes, comme BC & EF, & paroître ſortir du point *a*, qui eſt tellement ſitué, qu'il y ait même rapport entre

*a*B

*a*B & AB , ou entre *a*E & AE , qu'entre les sinus des angles d'incidence & de réfraction. C'est ce qui est évident : car l'angle NAB est égal à l'angle d'incidence , formé par le rayon incident AB , & par la perpendiculaire à la surface SO , & l'angle N*a*B est égal à l'angle de réfraction , formé par la perpendiculaire à la surface , & par le rayon rompu BC , ou par son prolongement *a*B : & on sçait que dans un triangle rectiligne , comme *a*BA , les côtez *a*B & AB sont proportionnels aux sinus des angles qui leur sont opposez. Ainsi *a*B est à AB , ou *a*E est à AE , comme le sinus de l'angle d'incidence est au sinus de l'angle de réfraction : & si on fait attention que la distance *a*A est sensiblement égale à l'excès dé *a*E sur AB , ou de *a*E sur AE , puisque nous ne considerons ici que les rayons qui sont infiniment proches du rayon perpendiculaire ANPH ; on conclurra que *a*B est à *a*A , comme le sinus d'incidence est à l'excès de ce sinus sur celui de réfraction. Mais ce n'est pas là tout ; nos rayons se rompent encore une fois en C , & en F , en sortant du corps transparent OSTX , & les Lecteurs qui ont quelques connoissances de la Dioptrique , sçavent que ce second détour est

exactement égal au premier , & que les
rayons suivent des lignes CD & FG ,
qui semblent partir du point a , & qui
font exactement paralelles aux premieres directions AB & AE. Ce para-
lellisme de aCD avec AB & de aFG
avec AE , fait que dans les triangles
aCa, aFa, il y a même rapport de BC,
ou de EF à Aa, que de aB, ou de aE à
aA ; & puisque aB, ou aE est à aA,
comme le sinus d'incidence est à l'excès
de ce sinus sur celui de réfraction , il
s'ensuit que BC, ou EF, qui est sensiblement égale à l'épaisseur NP du corps
transparent, est aussi à la distance Aa,
comme le sinus d'incidence est à son
excès sur le sinus de refraction.

Ainsi lorsque nous sçaurons selon
quelle loi les rayons se rompent , &
que nous connoîtrons l'épaisseur du
corps OSTX, qui est renfermé entre
deux surfaces planes paralelles OS &
TX, il sera très-facile de déterminer la
distance Aa du corps lumineux A au
foyer virtuel a , dont les rayons paroissent partir, après le double détour
auquel ils font sujets par leur passage
au travers du corps transparent. Nous
prendrons deux nombres pour exprimer le rapport constant qui se trouve
entre les sinus d'incidence & de re-

fraction, & nous ne ferons ensuite que cette simple analogie : le nombre qui exprime le sinus d'incidence est à son excès sur l'autre nombre, comme l'épaisseur NP du corps transparent est à la distance requise Aa. Lorsque, par exemple, le sinus d'incidence est au sinus de réfraction, comme 3 est à 2 ; ce qui arrive, comme on le sçait, dans le verre ordinaire ; nous trouverons, par notre analogie, que Aa sera le tiers de l'épaisseur NP. Si au lieu du verre, il s'agit de l'eau commune, ou même de l'eau de mer, dans laquelle le rapport est d'environ de 4 à 3, on trouvera de la même maniere, que Aa est le quart de NP. Enfin nous n'avons qu'à prendre *e* & *f* pour marquer le rapport du sinus d'incidence au sinus de réfraction, & nous aurons en général

$$\frac{e-f}{e} \times NP$$ pour la valeur de la distance

Aa.

Cela supposé, il n'est pas maintenant fort difficile de trouver par l'expérience, combien la lumiere diminuë, en traversant un corps transparent, dont l'épaisseur est considérable par rapport à la distance du corps lumineux. Imaginons-nous qu'il y a (Figure 2.) deux flambeaux en A & en B, qui répandent

B ij

en C une égale lumiere. Si nous mettons sur la ligne AC un corps tranfparent, la réfraction que la lumiere fouffrira en traverfant ce corps, fera caufe que les rayons feront dirigez précifément, comme fi le flambeau A étoit tranfporté dans le point a, que nous venons de montrer à déterminer : & il eft clair que fuppofé que le corps tranfparent ne caufât que ce feul effet, de faire rompre ainfi les rayons, fans en intercepter aucun , on feroit obligé d'approcher l'autre flambeau B , de B en quelque point *b*, afin de faire augmenter fa lumiere dans le même rapport, & de lui faire toujours conferver l'égalité avec la lumiere du flambeau A ; & on trouveroit ce point *b*, par cette analogie, CA eft à Ca, comme CB eft à C*b*. Mais fi au lieu de mettre le flambeau B en *b*, on eft obligé de le porter en β; ce fera une marque que le défaut de tranfparence du corps, que nous avons placé fur AC, fait diminuer la lumiere du flambeau A plus confidérablement que la réfraction ne la fait augmenter , en donnant aux rayons la même direction que s'ils partoient du point a. Et il eft évident que, puifque c'eft ce feul défaut de tranfparence qui fait que nous fommes obli-

gez de placer ainfi le fecond flambeau
en β, au lieu de le mettre en *b*, il faut
qu'il faffe fouffrir à la lumiere autant
de diminution, que la lumiere du flambeau B en fouffriroit par le tranfport
de la diftance C*b* à la diftance Cβ;
c'eft-à-dire donc que la diminution fe
fait dans le rapport du quarré de Cβ au
quarré de C*b*, puifque les forces de la
lumiere reçuë à differentes diftances,
font en raifon inverfe des quarrez de
ces diftances.

Enfin il eft fenfible que par ce
moyen, & par les précédens, on peut
déterminer la diminution que fouffre
la lumiere, en traverfant généralement
tous les corps. Il eft vrai cependant
qu'il y auroit affez de difficultez à appliquer ces méthodes à l'air groffier
que nous refpirons, quoiqu'on feroit
fans doute bien-aife de connoître auffi
fon dégré d'opacité ou de tranfparence. Mais on va voir que l'expérience
fuivante nous en fournira un moyen
très-fimple; moyen qui nous a été fug-
geré par une ingenieufe remarque de
M. de Mairan, qu'on trouve dans les
Memoires de l'Academie Royale des
Sciences de 1721. que fuppofé qu'on
pût mefurer le rapport qu'il y a entre
les forces de la lumiere d'un aftre, à

deux differentes hauteurs, on pourroit
en conclure quelle est la transparence
ou l'opacité de l'atmosphere. Cette remarque nous fit d'abord naître l'envie
de faire quelques observations sur la
lumiere des astres, & nous donna ensuite occasion d'imaginer le moyen
que nous expliquerons, de découvrir
effectivement la transparence d'une
certaine épaisseur d'air.

V I.

Trouver combien la lumiere des astres
augmente ou diminuë, par les changemens
de leurs hauteurs au-dessus de l'horison.

ON ne peut pas faire cette observation avec la même facilité sur
tous les astres. La lumiere des étoiles
est trop foible, & celle du soleil est au
contraire trop forte, pour qu'on puisse
la comparer commodément avec les
differentes lumieres que nous avons ici
bas. C'est pourquoi on ne peut gueres
faire cette observation que sur la lune :
Mais nous n'avons aussi qu'à prendre
cette planette lorsqu'elle est à peu près
dans son opposition avec le soleil ; &
sa phase ne changeant alors que très-
lentement, on sera sûr que tout le

changement de fa lumiére ne viendra
fenfiblement que de fes differentes hauteurs au - deffus de l'horifon. Après
cela , l'opération fera de la derniere
fimplicité. J'ai principalement obfervé
la lune lorfqu'elle avoit 66 dégrez 11
minutes, & 19 dégrez 16 minutes de
hauteurs apparentes : elle avoit le 23. de
Novembre 1725. la feconde de ces hau-
teurs , vers 10 $\frac{1}{2}$ heure du foir ; & fa lumiere reçuë perpendiculairement me
parut êgale à celle de quatre chandelles
qui étoient éloignées de moi de 50
pieds. Le lendemain à environ trois
heures du matin, comme la lune étoit
encore un peu éloignée du méridien,
& qu'elle avoit 66 dégrez 11 minutes
de hauteur , j'éxaminai une feconde
fois fa lumiere ; & elle étoit alors égale
à celle de mes quatre chandelles mifes
à 41 pieds de diftance. Il m'étoit facile
de découvrir enfuite le rapport que je
cherchois : car les quarrez des deux
diftances 41 & 50 pieds font 1681 &
2500 ; & puifque ces quarrez expriment
la force de la lumiere des chandelles
dans les deux obfervations , ils expriment auffi les forces de la lumiere de la
lune qui leur étoient égales. C'eft-à-
dire donc que les diverfes forces avec
lefquelles la lune nous éclaire , lorf-

qu'elle a 19 dégrez 16 minutes, & 66 dégrez 11 minutes de hauteurs apparentes, font comme les deux nombres 1681 & 2500; ou, ce qui revient à la même chose, l'une de ces forces est à peu près les deux tiers de l'autre.

On pourroit, en observant de la même maniere la lune à tous les dégrez de hauteurs, faire une table qui marquât continuellement la force de sa lumiere, & cette table serviroit pour tous les autres astres, parce que leurs rayons doivent souffrir la même diminution en traversant l'atmosphere. Ce qui me détermina à observer la lune, lorsqu'elle avoit 66 dégrez 11 minutes, & 19 dégrez 16 minutes de hauteurs; c'est qu'aux jours des solstices d'été & d'hyver, le soleil a ici au Croisic à midi, ces mêmes hauteurs apparentes; & ainsi on peut juger à peu près par-là, combien le soleil nous éclaire plus en été qu'en hyver. J'ai examiné aussi plusieurs fois la lune, lorsqu'étant sur le point de se coucher, son bord inferieur paroissoit toucher la surface de la mer; j'ai trouvé qu'elle éclairoit alors environ 2000 fois moins que lorsqu'elle est élevée de 66 dégrez 11 minutes; & la même chose doit donc arriver aussi au soleil. Mais ce rapport est sujet à de
très-

très-grandes varietez; ce qui vient sans
doute, de ce que la partie baſſe de l'atmoſphere eſt preſque toujours inégalement chargée de vapeurs, & de ce que
ces vapeurs produiſent différens effets,
& des effets plus ſenſibles ſur la lumiere des aſtres qui ſe levent ou qui ſe
couchent. Nous voyons auſſi, par la
même raiſon, que les réfractions aſtro-
nomiques, qui ſont ordinairement les
mêmes dans les grandes hauteurs, ſont
ſujettes à de grandes irrégularitez, lorſque les aſtres ſont peu élevez.

Enfin, il faut que nous faſſions voir,
comment nous croyons qu'on peut parvenir, par les obſervations précédentes, à une connoiſſance aſſez particuliere de la tranſparence de l'air. C'eſt ce
que nous expliquerons dans un autre
endroit; mais nous en diſons ici un
mot d'avance, pour la ſatisfaction des
Lecteurs. Nos expériences nous ap-
prennent que lorſqu'un aſtre eſt à 19
degrez 16 minutes de hauteur apparente, ſa lumiere n'eſt que les deux tiers
de ce qu'elle eſt, lorſque l'aſtre a 66
degrez 11 minutes de hauteur. Cette
difference de force ne vient que de ce
que la lumiere a beaucoup moins de
trajet à faire dans l'atmoſphere, lorſque l'aſtre eſt fort élevé, que lorſqu'il

C

est fort proche de l'horison. Il est vrai
que dans le premier cas, la lumiere fait
déja un assez grand chemin, & qu'elle doit rencontrer beaucoup de parties d'air, qui sont propres à l'intercepter : mais elle fait un chemin beaucoup
plus considerable dans le second cas,
& c'est la quantité dont ce second chemin est plus long que le premier,
qui est cause que la lumiere est plus
foible. Il ne reste donc qu'à chercher les deux differentes quantitez
d'air, que les rayons des astres ont
à pénétrer, dans les deux hauteurs
de soixante-six degrez 11 minutes, &
de 19 degrez 16 minutes. C'est ce qu'on
peut trouver aisément ; car nous avons
plusieurs systêmes qui representent aussi exactement qu'il est nécessaire, les
diverses condensations & dilatations
de l'air. Or supposé * que les quantitez d'air que les rayons ont à traverser,
soient équivalentes à des épaisseurs de
4275 toises & de 11744 toises de notre
air grossier d'ici bas, on doit conclure que, c'est en traversant un espace é-
quivalent à 7469 toises de notre air,
que la lumiere perd environ un tiers
de sa force, ou qu'elle diminuë dans
le rapport de 2500 à 1681, c'est ce qui
est évident, car elle doit être égale-

*Voyez la table qui est vers la fin de la cinquié-me Sec-tion.

ment affoiblie, après avoir traverfé
des épaiffeurs égales dans l'un & l'autre
chemin; c'eft-à-dire, qu'elle doit être précifément la même après avoir fait le
premier trajet, & après avoir fait les
4275 premieres toifes du fecond ; &
ainfi toute la diminution qu'on apperçoit lorfque l'aftre eft proche de l'horifon, ne vient que des 7469 dernieres toifes du fecond trajet, ou de fon
excès fur le premier.

S'il étoit bien certain que la lumiere
fût 2000 fois plus foible, lorfque l'aftre fe leve ou fe couche, que lorfqu'il
a 66 degrez 11. minutes de hauteur,
on pourroit déterminer de la même
maniere, le degré de tranfparence d'u-
ne autre épaiffeur d'air; & il n'y auroit
qu'à faire de nouvelles obfervations,
pour en déterminer une infinité d'autres. Mais il vaut beaucoup mieux examiner generalement, comme nous le
ferons dans la fuite, en quelle proportion la lumiere diminuë lorfqu'elle
traverfe les differentes épaiffeurs des
corps diaphanes. Cette proportion ne
fera pas difficile à découvrir ; & dif-
penfez enfuite de faire fans ceffe de
nouvelles expériences, ce fera affez,
que nous en ayons une feule, fur l'exactitude de laquelle nous puiffions com-

pter, pour pouvoir en tirer toutes les
inductions, & les connoiſſances dont
nous aurons beſoin. Ainſi il ſuffira de
ſçavoir, par exemple, que la lumiere
diminuë dans le rapport de 14 à 5, en
traverſant une épaiſſeur de 9 pieds 7
pouces d'eau de mer, ou qu'elle diminuë dans le rapport de 2500 à 1681
en traverſant 7469 toiſes d'air groſſier,
pour qu'on ſoit en état de découvrir
combien elle s'affoiblit en pénétrant
toutes autres épaiſſeurs de ces mêmes
milieux.

V I I.

*Trouver combien la lumiere du ſoleil eſt plus
forte que celle de la pleine lune.*

APRE's avoir répété pluſieurs fois
les obſervations précédentes, je voulus
voir auſſi combien le ſoleil nous
éclaire de fois plus que la lune. Il falloit, ſelon notre méthode, comparer
la lumiere de ces deux aſtres avec celle de la même bougie ; mais comme
celle du ſoleil eſt extrémement forte, il
falloit lui faire ſouffrir de très-grandes
diminutions, & il falloit que ces diminutions ſe fiſſent toujours par des degrez
connus. Je me ſervis pour cela d'un verre concave de lunette, qui rendoit les

rayons très-divergens ; & je n'avois
qu'à m'en éloigner un peu plus ou un
peu moins, pour faire varier la force
de la lumiere tout à coup & en quelle
proportion je voulois. Je fis un de ces
essais le 22 Septembre 1725. jour de la
pleine lune ; ayant fermé toutes les fe-
nêtres d'une chambre, & le soleil étant
élevé de 31 deg. je fis entrer sa lumiere par un trou qui avoit une ligne de
diametre, & sur lequel j'avois appliqué
le verre concave. Recevant ensuite la
lumiere à une distance de 5 à 6 pieds,
dans un point où la divergence des
rayons étoit de 108 lig. & où la lumiere
étoit par consequent affoiblie 11664
fois, puisqu'au lieu de n'occuper qu'un
espace d'une ligne de diametre, elle
en occupoit un qui en avoit 108, &
qui étoit 11664 fois plus grand ; elle me parut exactement égale à la lumiere d'une bougie située à 16 pouces
de distance. Il ne me restoit plus après
cela qu'à faire pendant la nuit, une
semblable observation sur la lune, &
il me falloit employer toujours le même verre concave, afin que son défaut
de transparence causât une semblable
diminution dans une observation que
dans l'autre. J'attendis le tems que la
lune eût 31 degrez de hauteur : mais en

recevant sa lumiere fort proche du verre & lorsque la divergence des rayons
n'étoit que de 8 lignes, elle avoit déja si peu de force, qu'il me fallut faire
mettre la bougie à 50 pieds de distance, pour rendre les deux lumieres é-
gales.

Pour trouver maintenant le résultat
de ces deux observations, on n'a qu'à
considerer que la lumiere de la lune
n'a été affoiblie que 64 fois par le
verre concave, & que si on l'avoit fait
diminuer 11664, de même que celle du
soleil, il auroit fallu mettre ensuite
la bougie, non pas à 50 pieds de distance, mais à 675. C'est ce qu'on peut
voir très-aisément. Mais puisque la lumiere du soleil, lorsqu'elle est diminuée
11664 fois, est égale à celle d'une bougie placée à 16 pouces de distance,
comme nous l'avons reconnu par la
premiere observation; & que la lumiere de la lune, diminuée en même nombre de fois, n'est égale qu'à celle de
la même bougie, portée à 675 pieds,
ou à 8100 pouces de distance, comme
on le conclud de la seconde observation; il s'ensuit que la lumiere du soleil est à celle de la lune comme
65610000 qui est le quarré de 8100 pouces est à 256 qui est le quarré de 16. Et

ainſi il paroît que le ſoleil nous éclaire environ 256289 fois plus que la lune.

Je ne rapporte ici que la troiſiéme des épreuves que j'ai faite : car à la pleine lune de Juillet 1725 , j'avois trouvé que le ſoleil nous éclaire 284089 fois plus que la lune ; à celle d'Août 331776 fois & par une autre épreuve 302500 fois. Je crois qu'on pourroit conclure de tout cela que le ſoleil nous éclaire environ 300000 fois plus que la lune : mais les grandes difficultez qu'il y a à déterminer un ſemblable rapport, font que je n'oſe pas trop le regarder comme exact. Cependant il eſt toujours bon de faire remarquer que la lune étoit à peu près dans ſes moyennes diſtances à la terre, lorſque je faiſois mes obſervations. Les differentes diſtances du ſoleil ne doivent point changer ſenſiblement le rapport des deux lumieres ; parce que cet aſtre ne peut pas s'éloigner de la terre , ſans s'éloigner en même-tems de la lune, à peu près dans le même rapport; d'où il ſuit que ſi la lumiere directe reçoit de la diminution , ſa lumiere réflechie , qui nous vient de la lune, doit diminuer en même raiſon. Mais quant aux diverſes diſtances de la lune , elles doivent produire du changement , & un change-

C iiij

ment confiderable ; car cette planete doit être par rapport à nous , comme un flambeau dont la flâme a bien toujours la même force , mais dont la lumiere change néceffairement, lorfqu'on la reçoit à des diftances fenfiblement inégales. La différence peut être d'environ un quart , puifque la plus grande & la plus petite diftance d'ici à la lune font à peu près dans le rapport de 8 à 7 , & que les quarrez de ces deux nombres font environ , comme 4 eft à 3.

Quoiqu'il en foit de ces obfervations, elles s'accordent , autant qu'il eft poffible , avec ce qu'on fçavoit déja de la force de la lumiere de la lune. On fçavoit que cette lumiere réunie dans le foyer des plus grands miroirs concaves n'excitoit aucune chaleur fenfible, & n'agiffoit pas même fur le thermometre de M. Amontons , qui eft le plus parfait qu'on ait. M. de la Hire le fils expofa le miroir concave de l'Obfervatoire , qui a 35 pouces de diametre , aux rayons de la pleine lune , lorfqu'elle paffoit au méridien dans le mois d'Octobre de 1705 , & il raffembla ces rayons dans un efpace 306 fois plus petit. Ce n'étoit là tout au plus , augmenter que 306 fois la force de la lu-

miere de la lune ; mais quand même on
l'augmenteroit 1000 fois , il s'en faudroit encore extrémement qu'elle fût
égale à la lumiere simple qui nous vient
du soleil , puisqu'elle n'en seroit que
la 300 partie ; & il ne seroit pas surpre-
nant que dans cet état , elle ne fît point
encore sentir de chaleur. Quant à la lumiere du soleil , il faut qu'elle soit ex-
cessive ; car nous trouvons qu'elle est
ici 300000 fois plus forte que celle de
la lune ; mais nous sommes outre cela
environ 400 fois plus éloignez du soleil , & ce plus grand éloignement
doit affoiblir 160000 fois sa lumiere.
C'est pourquoi si nous étions aussi proche du soleil que nous le sommes de
l'autre astre , il nous éclaireroit encore
160000 fois davantage , & sa lumiere
seroit par conséquent 4800000000
fois plus forte.

SECTION II.

De la transparence & de l'opacité.

I.

De la maniere dont la Lumiere passe au travers des corps.

ON croit ordinairement que la transparence des corps diaphanes ne vient que de ce qu'ils ont des pores qui les traversent en ligne droite dans tous les sens, & de ce que ces pores sont remplis d'éther ou de la partie la plus subtile de l'air, laquelle est propre à transmettre la lumiere. De cette sorte, si l'air que nous respirons est si transparent, ce n'est que parce qu'il ne contient que fort peu de parties grossieres : mais comme l'eau & le verre en contiennent beaucoup davantage, & qu'ils ont par conséquent moins de pores, ils ne doivent pas donner un si libre passage à la lumiere. On fait consister ainsi le plus ou le moins de transparence dans la plus grande ou dans la moindre quantité de pores ; & on croit que tous les rayons qui rencontrent

quelques parties folides , s'éteignent
ou s'amortiffent , parce que ces parties
doivent tranfmettre irrégulierement
leur preffion à toutes les autres parties
fur lefquelles elles s'appuyent.

Mais quoique ce fentiment foit re-
çû de la plûpart des Phyficiens , il nous
femble qu'il faut que les parties folides tranfmettent elles-mêmes la lumiere dans plufieurs rencontres. En effet
quelque multitude de pores qu'on ima-
gine dans les corps , on a bien de la peine à concevoir qu'il s'en trouve dans
tous les fens poffibles , & on ne fçait
même fi l'air pourroit être tranfparent.
Il eft vrai que les parties de ce milieu
font très-rares , qu'elles ne font qu'une
très-petite portion du volume qu'elles
nous paroiffent occuper , & que tout
le refte eft de l'air fubtil ou de l'éther.
Mais il ne paroît toujours gueres poffible qu'il ne fe rencontre pas quelque
partie groffiere fur un rayon d'une longueur un peu confiderable. Lorfque le
foleil paroît dans l'horifon , fes rayóns
font un très-grand chemin dans la
partie baffe de l'atmofphere ; ils ram-
pent , pour ainfi dire , fur la terre plus
de neuf ou dix lieuës , avant de parvenir jufqu'à nous : lorfqu'on voit auffi
de 40 ou 50 lieuës de diftance , le fom-

met de quelque montagne fort élevée,
la lumiere parcourt tout cet espace dans
un air très-condensé. Or est-il vrai-
semblable, que sur une ligne d'une si
extrême longueur, il n'y ait pas toujours quelques parties grossieres d'air;
puisque ces parties sont tellement dis-
tribuées ici bas, qu'il y en a toujours
plusieurs, non-seulement dans un espace d'un pouce ou d'une ligne, mais
aussi dans le plus petit espace sensible?

Mais sans insister sur cette difficulté,
nous pouvons prouver d'une maniere
directe, en supposant le sentiment du
P. Malebranche sur la dureté des corps,
que les parties grossieres doivent transmettre la pression des rayons de lumiere qui les rencontrent. Imaginons-nous
que toutes les lignes paralelles AB,
CD, &c. (fig. 3.) sont des rayons &
qu'il y en ait quelqu'un qui choque les
grains de matiere *ab*, *ef*, &c. dont le
corps P Q R S est formé. Si le petit
grain de matiere 1 étoit solide par lui-
même, ou si toutes les petites parties
dont il est lui-même composé, étoient
attachées les unes aux autres, il avan-
ceroit tout entier selon la direction du
rayon de lumiere A*a* qui le choque en
a; il communiqueroit irrégulierement
son mouvement aux grains de matiere

qui le toucheroient , & le rayon feroit comme amorti. Mais on doit con-
fiderer que les grains de matiere ne
peuvent pas être ainfi durs par eux-
mêmes ; car d'où viendroit la force
qui uniroit leurs plus petites parties ?
Chaque grain de matiere eft contenu
fous une furface conftante , tant qu'il
eft comprimé par tout également par
l'air fubtil : mais lorfqu'un grain de
matiere eft preffé tout à coup en *a* par
un rayon de lumiere A*a*, il ne doit
plus conferver exactement fa même figure , puifqu'il n'eft plus également
comprimé par tout. La matiere dont
il eft formé doit avancer vers le point
oppofé *b* & y former une petite éminence. Il eft clair auffi que fi le rayon
A*a* agit par fecouffes & par des fecouffes plus ou moins promptes , comme
on croit que le font les rayons de différentes couleurs , la petite éminence
faite en *b* augmentera ou diminuera
auffi avec les mêmes fecouffes, & tranf-
mettra à l'air fubtil ou à l'éther qui eft
au-deffous , tous les divers degrez de
preffion qui fe font en *a*.

Le rayon A*a* ayant traverfé ainfi le
grain de matiere 1 , traverfera de la même maniere le grain de matiere 2 , &
continuera enfuite fon chemin en li-

gne droite en suivant la ligne *d*B. La même chose arrivera aussi au rayon *Ce* qui passe entre les parties 1 & 5 pour entrer dans le corps PR. Ainsi, on voit qu'une petite partie de matiere placée à propos, n'interrompt point le cours de la lumiere : & sans doute que c'est de cette sorte que nous voyons les objets fort éloignez, malgré la grande épaisseur d'air grossier, que la lumiere qu'ils font rejaillir vers nous a à traverser. Il n'est pas possible, comme nous l'avons déja dit, que sur un rayon de 30 ou 40 lieuës, il n'y ait pas toujours quelques parties d'air grossier; mais si ces parties tournent une de leurs petites faces vers l'objet & l'autre vers nous, la pression du rayon sera transmise de notre côté, & nous pourrons par conséquent voir l'objet.

Ce que nous disons ici nous paroît si naturel, que nous croyons qu'on n'y trouveroit aucune difficulté, si on convenoit de la molesse que nous attribuons aux grains de matiere qui composent les corps. Mais il est certain que les mêmes raisons qu'on allegue contre M. Descartes qui croyoit que la dureté des corps sensibles venoit simplement du repos de leurs parties les unes auprès des autres, on peut les

alleguer contre ceux qui penferoient
que les mêmes parties doivent être dures à caufe du repos de leurs plus petites parties. D'un autre côté, qu'on
comprime exterieurement ces parties,
on ne leur donnera toujours en les ren-
fermant fous de certaines bornes, qu'-
une fimple apparence de dureté. Si,
par exemple, tous les grains de matiere 1, 2, 5, 6, &c. fe touchent par
quelqu'une de leurs faces, ils compo-
feront un des corps que nous appel-
lons durs. Car l'air fubtil ou l'éther
qui remplit tous les intervales que laif-
fent entr'eux ces petits grains, les
comprimera par tout par fon reffort,
excepté dans les endroits où ils fe touchent. Il les pouffera de cette forte les
uns contre les autres, & tous ces grains
preffez ainfi, formeront un corps PR
dont les parties paroîtront attachées
& adherantes les unes aux autres, parce
qu'on ne pourra pas les féparer fans
employer une force plus grande que le
reffort de l'éther qui les environne &
qui les comprime. Mais les petites parties de matiere 1, 2, 5, 6, &c. ne feront
pas pour cela folides ou dures en elles-
mêmes ; elles conferveront toujours
au contraire leur moleffe intérieure.
Lorfqu'un rayon A*a* preffera donc une

petite particule 1 , en quelque point
a , la pression doit se transmettre tout
d'un coup dans le point opposé *b*,
sans se communiquer aux autres parties du petit corps 1. Et supposé que
les petites faces *a* & *b* soient directement exposées au rayon A*a* , ce rayon
continuera son chemin en ligne droite,
à peu près comme s'il n'avoit rencon-
tré que de l'éther.

Nous disons que pour que le rayon
suive la ligne droite , il faut que les
petites faces *a* & *b* qu'il rencontre lui
soient directement exposées : car ce
sont deux loix qui s'observent toujours, qu'un corps qui va choquer obliquement une surface n'agit dessus que
selon le sens perpendiculaire suivant
lequel il s'en approche, & qu'une surface qui avance vers un corps & qui le
choque , ne le pousse ainsi que selon
la seule ligne perpendiculaire. Ainsi le
rayon L*n* doit se détourner & prendre
le chemin *nopq*M à cause de l'obliquité de toutes les petites faces qu'il rencontre : & il est clair que ce rayon détourné & séparé , pour ainsi dire, de
la compagnie des autres , ne pourra
pas agir seul avec assez de force pour
se faire sentir ; ou qu'il ne servira tout
au plus , qu'à répandre cette lumiere
foible,

foîble, qui accompagne, pour l'ordinaire la lumiere principale, & qui ne
paroît pas venir directement du corps
lumineux. Cependant il peut arriver
qu'un rayon détourné de la ligne droite,
rencontre quelqu'autre partie groffiere qui le redreffe en le détournant une
feconde fois. J'ai repréfenté ce double
détour des rayons, en courbant differemment la ligne E*ghiklm*F. Le premier
détour fe fait en *h*, parce que la petite
éminence qui fe fait en *h* par la preffion
du rayon de lumiere en *g*, ne peut pouf-
fer l'air fubtil ou l'éther qui eft entre
les deux parties 5 & 6, que perpendiculairement à la petite face *h*. Mais
ce même rayon fe détournant de re-
chef à toutes les petites faces qu'il rencontre & qui ne lui font pas directement expofées, reprend, comme on
le voit, fa premiere direction; & agif-
fant enfuite dans le même fens que
les autres, il doit contribuer à augmenter la lumiere. Au furplus les petites parties qui ne fervent qu'à détourner les rayons lorfqu'ils viennent d'un
certain côté, peuvent fervir à les tranfmettre en ligne droite lorfqu'ils viennent d'un autre côté.

Mais on nous demandera peut-être
maintenant, comment il eft poffible

que tous les corps ne soient pas diaphanes & qu'il y en ait un si grand
nombre d'opaques. Pour répondre à
cette question, nous n'avons qu'à faire
remarquer que la force de la lumiere
diminue beaucoup à chaque détour,
& qu'elle peut diminuer assez pour ces-
ser d'être sensible. Supposons, par
exemple, que le rayon Ns forme avec
la petite face s du grain de matiere 8,
un angle demi droit; au lieu d'agir a-
vec toute sa force, il n'agira, comme
le sçavent les Lecteurs, qu'avec une
force relative qui sera à la force absoluë, comme le côté d'un quarré est à
sa diagonale, ou comme 1 est à la ra-
cine quarrée de 2. Voilà déja un affoiblissement, mais la ligne st suivant laquelle se transmet la pression au-dedans
de la petite partie 8, faisant avec la
petite face t un angle encore demi
droit, le rayon souffria en t un second
affoiblissement semblable au premier:
& la pression se trouvera justement
réduite à la moitié par ces deux diminutions. Cependant le rayon n'a encore
traversé qu'un petit grain de matiere;
& il n'y a point de doute qu'il n'en rencontre souvent plusieurs tout de suite
dans les corps transparens qui ont une
épaisseur sensible. La même chose ar-

rivera peut-être auſſi au rayon L*nopq*M qui quitte la compagnie des autres & qui vient ſortir par le côté. Après cela il n'eſt pas ſurprenant, ſi nous avons des corps qui paroiſſent abſorber, ou amortir entierement la lumiere; & il eſt clair qu'il doit y avoir une varieté comme infinie dans la tranſparence, ſelon que les parties comme *st*, ſont differemment mêlées avec les parties *ab* & *cd*.

Mais ce n'eſt pas encore tout; car nous avons de nouvelles cauſes de varieté dans le plus ou le moins de petiteſſe des grains de matiere, & dans la differente diſtance à laquelle ils feront les uns des autres. Si, par exemple, tout le reſte étant égal, les grains de matiere ſont beaucoup plus proches les uns des autres; outre que pluſieurs rayons perdront enſuite beaucoup plus de leur force, en traverſant la même épaiſſeur, il y en aura auſſi beaucoup davantage qui feront détournez. Il y en aura auſſi un plus grand nombre de détournez, parce qu'ils rencontreront plus de parties, comme *no* & *pq* qui ſont propres à produire cet effet; & pluſieurs autres rayons perdront auſſi beaucoup plus de leur force, parce qu'ils rencontreront une plus grande quantité de petites faces situées obliquement. Au lieu de ne rencontrer que 10 grains semblables à *st* dans une certaine épaisseur, ils en rencontreront peut-être 20 ; & peut-être que le corps PR paroîtra ensuite tout-à-fait opaque ; parce que toute la lumiere qui le traversera, sera si foible, qu'elle ne sera plus capable de produire une impression sensible sur nos yeux.

I I.

De la proportion selon laquelle la lumiere diminuë en traversant les milieux.

IL n'est pas nécessaire de pousser plus loin le détail précédent ; & puisque nous avons expliqué la maniere dont la lumiere passe au travers des corps diaphanes, il nous faut examiner à present selon quelle loi elle diminuë dans ce passage. La premiere pensée qui se presente sur ce sujet, c'est que si on conçoit un corps diaphane, divisé en quantité de couches paralelles de même épaisseur, toutes ces couches intercepteront le même nombre de rayons : de sorte que la lumiere recevant dans le passage de chaque tranche une diminution toujours exactement égale, elle décroîtroit en progreſſion arithmetique, ou en ſuivant le rapport des ordonnées d'un triangle.

Pour reconnoître la vérité ou la fauſſeté de ce ſentiment, j'ai fait une fois paſſer perpendiculairement au travers de deux morceaux de verre une lumiere qui étoit égale à celle de 32 chandelles, & elle ſe trouva enſuite deux fois plus foible ; car elle ne ſe trouva plus égale qu'à la lumiere de 16 chandelles. Or ſi une autre épaiſſeur de deux morceaux de verre eût produit un égal affoibliſſement, il eſt évident que tous les rayons euſſent été interrompus ; & à plus forte raiſon, 8 ou dix morceaux de verre euſſent formé une épaiſſeur tout-à-fait impénétrable à la lumiere. Cependant ayant ajouté 2 morceaux aux deux premiers, il s'en fallut beaucoup qu'ils ne formaſſent un corps abſolument opaque ; la lumiere ſe trouva encore très-vive ; & lorſque je la fis paſſer au travers de dix morceaux, elle étoit encore ſenſiblement auſſi forte que celle d'une chandelle.

Mais ſans doute qu'il ſuffit d'y avoir fait penſer les Lecteurs, & qu'ils voyent bien que pour qu'une ſeconde épaiſſeur interceptât préciſément le

même nombre de rayons que la premiere, il faudroit qu'il se présentât aussi
précisément le même nombre de rayons
pour la traverser. Mais puisqu'il ne
parvient peut-être à cette tranche que
le tiers ou le quart du nombre total
des rayons, parce que tous les autres
ont déja été interrompus, il est certain que cette tranche doit intercepter
aussi trois ou quatre fois moins de
rayons que la premiere. Ainsi les tranches égales ne doivent pas détruire des
quantitez égales, mais seulement des
quantitez proportionelles. C'est-à-dire,
que si une certaine épaisseur intercepte
la moitié de la lumiere, l'autre épaisseur qui suivra la premiere, & qui lui
sera égale, n'interceptera pas toute
l'autre moitié, mais seulement la moitié de cette moitié & la réduira par
consequent au quart : & toutes les autres tranches détruisant de semblables
parties, il est sensibe que la lumiere
diminuera toujours en progression géometrique.

Il est clair aussi que ce que nous disons doit être également vrai, de quelque maniere que la lumiere se trans-
mette au travers des corps transparens. Car supposons que les rayons ne
puissent passer que par les pores, &

qu'il y en ait une si grande quantité, que les parties solides ne fassent que la centiéme partie du volume extérieur que le corps paroît occuper ; si on conçoit ce corps divisé en un nombre presqu'infini de tranches, dont l'épaisseur soit égale au diametre de ses petites parties ; la premiere tranche n'interceptera que la centiéme partie des rayons, & de 100000, il y en aura 99000, qui parviendront à la seconde tranche. Et comme il y aura aussi 100 fois plus de pores dans la seconde tranche, que de parties solides, à cause de l'homogénité du corps ; il est clair que la multitude des rayons diminuera encore de la centiéme partie, en traversant la seconde tranche, & qu'elle se reduira à 98010. Or toutes les autres tranches produiront un semblable effet ; elles feront toujours diminuer la lumiere de la centiéme partie, & ainsi la progression géometrique sera toujours exactement observée. D'un autre côté, si les petites parties solides dont les corps font composez, servent souvent elles-mêmes à transmettre la lumiere, comme nous avons tâché de le prouver, ce sera encore la même chose. Car on peut considerer comme des pores, ces grains de matiere qui transmettent les rayons, & on peut fort bien ne faire attention qu'aux autres grains qui détournent ou qui affoibliſſent la lumiere; & comme il s'en trouve toujours dans chaque tranche un égal nombre de ces derniers, il eſt ſenſiſible qu'ils feront toujours décroître la lumiere d'une ſemblable partie, ou d'une partie proportionnelle.

Il ſuit de-là, que ſi nous ſuppoſons que le corps lumineux eſt infiniment loin, afin que ſes rayons ſoient ſenſiblement paralelles, & que ſa lumiere ne diminuë que par la ſeule interpoſition du corps tranſparent, ſans que la divergence des rayons y ait aucune part; il ſuit, dis-je, de là que les forces qu'a la lumiere, après avoir traverſé differentes épaiſſeurs, peuvent être repreſentées par les ordonnées d'une logarithmique qui a pour axe l'épaiſſeur du corps. La logarithmique eſt une ligne courbe très-connuë des Géometres; c'eſt la ſeule qui ait toutes ſes ſoutangentes égales, & ſa principale proprieté eſt d'avoir toutes ſes ordonnées en progreſſion géometrique. Pour en faire l'application ici, nous conſidererons le corps ABCD (fig. 4.) qui eſt parfaitement homogene; nous le diviſerons par la
penſée

Fig. 4.

penſée en pluſieurs tranches de même
épaiſſeur, & nous ſuppoſerons que la
lumiere venant pour le traverſer perpendiculairement à la face AB, la ligne
QB repreſente la multitude & la force
des rayons. Lorſque la lumiere aura
traverſé l'épaiſſeur BF ou AE & qu'elle viendra rencontrer EF, pluſieurs
rayons auront été interceptez, & pluſieurs autres auront perdu de leur vivacité, & la force de la lumiere ne ſera plus repreſentée que par RF. Or ſi
la logarithmique QRKY paſſe par les
points Q & R & a la ligne BC pour
axe, il eſt ſenſible que toutes ſes autres ordonnées SH, TL, VN, &c. re-
preſenteront la force qu'aura la lumiere, lorſqu'elle ſera parvenuë juſqu'à
GH, KL, MN, &c. puiſque ces ordonnées SH, TL, VN, &c. diminuent toutes d'une quantité proportionnelle, de même que la force de la
lumiere. Si VN eſt donc la moitié de
QB, ce ſera une marque que la lumiere qui parvient en MN & qui eſt répanduë dans toute cette ſurface, n'eſt
que la moitié de la lumiere totale QB
qui vient pour entrer dans le corps
tranſparent. Pareillement ſi YC eſt le
quart de QB, on conclurra que la lumiere qui parvient juſqu'en DC, n'eſt

E

que le quart de la lumiere totale. Enfin toutes les ordonnées de la logarithmique QVY exprimeront toujours les diverſes quantitez de lumiere qui traverſeront toutes les differentes épaiſſeurs.

On voit auſſi que ſelon que le corps ſera plus ou moins tranſparent, la logarithmique ſera differente & approchera plus ou moins promptement de ſon axe BC ; ou ce qui revient à la même choſe, les ordonnées de même longueur ſeront placées à plus ou moins de diſtance les unes des autres le long de l'axe. Par exemple, la logarithmique *qruy* (Fig. 5.) qui marque les diminutions que ſouffre la lumiere en paſſant dans le corps *ac*, & qu'on peut appeller pour cette raiſon ſa *climaphote* ou ſa *gradulucique*, ne diffère de la logarithmique QRVY (Fig. 4.) qui ſert de *gradulucique* dans le corps AC, que parce que les mêmes ordonnées ſont deux fois plus proche les unes des autres dans la premiere logarithmique que dans la ſeconde ; & cela ne vient que de ce qu'une épaiſſeur *bf*, ou *ae* deux fois plus petite, cauſe dans le corps *ac* la même diminution à la lumiere qu'une épaiſſeur deux fois plus grande BF ou AE dans le corps AC. Il eſt

Fig. 4. & 5.

clair que *bf* étant deux fois plus petite
que BF , toutes les autres épaisseurs
fh , *hl* , *ln* du corps *ac* le doivent être
également des épaisseurs correspondantes FH , HL , LN , &c. du corps
AC , puisque toutes ces dernieres parties sont égales entr'elles , & que la
même chose doit arriver aussi aux premiers *fh* , *hl* , *ln* , &c. Si on compare
donc un certain nombre de parties *fh* ,
hl , &c. ou tout un espace *bn* , à un
même nombre de parties FH , HL ,
&c. ou à un espace BN , le premier
de ces espaces fera encore deux fois
plus petit que l'autre. Cela nous montre que lorsqu'on prend plusieurs ordonnées égales dans deux differentes
logarithmiques , les parties correspondantes des deux axes , font toujours
proportionnelles ; & il suit de-là qu'il
faut que la lumiere penetre toujours des
épaisseurs proportionnelles dans deux
lieux differens , pour diminuer de la
même quantité.

Ceci nous donne occasion de résoudre une question qui semble n'appartenir qu'à la Grammaire , mais qui dans
le fond ne peut être décidée que par
les Géometres. Il s'agit de déterminer ce
qu'on doit entendre , lorsqu'on dit en
parlant généralement, *qu'un certain milieu*

plus transparent qu'un autre , un certain nombre de fois. L'usage , le souverain maître des Langues , n'a rien déterminé sur ce sujet ; parce qu'on s'est contenté jusques ici de sentir que certains corps sont plus transparens que d'autres , sans se mettre en peine de sçavoir exactement de combien ; & on n'a point cherché à exprimer un rapport , qu'on ne pensoit point à connoître. S'il ne s'agissoit que de la transparence absoluë de deux corps d'une certaine grandeur déterminée , on pourroit dire , sans doute , que celui qui donne passage à deux ou trois fois plus de rayons , est deux ou trois fois plus transparent : dans ce sens, une très-petite épaisseur de porcelaine est plus transparente qu'une très-grande épaisseur de verre commun. Mais ce n'est plus la même chose , lorsqu'il s'agit de la transparence spécifique, ou lorsqu'-on demande généralement combien l'air , par exemple , est plus transparent que l'eau. On demande alors un rapport général qui ne doit pas convenir simplement à telle & telle épaisseur , mais qui doit convenir à toutes : & dans ce cas, on ne peut pas dire que le milieu deux ou trois fois plus transparent , est celui qui étant de même épaisseur que

l'autre, tranſmet deux ou trois fois
plus de lumiere. Pour s'en convaincre,
on n'a qu'à conſiderer les deux differentes logarithmiques AVY (fig. 6.) Fig. 6.
& *auy*↓ (fig. 7.) qui expriment par & 7.
leurs ordonnées, les diverſes forces
qu'a la lumiere en chaque endroit de ſon
paſſage, lorſqu'elle traverſe perpendiculairement aux faces AB & *ab*, les deux
milieux inégalement diaphanes ABCD,
abxδ. Si on fait l'épaiſſeur BM égale à
l'épaiſſeur *bc* & qu'on juge de la tranſparence par la force qu'a la lumiere,
après avoir traverſé ces deux épaiſſeurs, on dira que le premier milieu eſt
plus tranſparent que le ſecond, dans
le rapport de VM à *yc* ; & ſi on prenoit des épaiſſeurs deux fois plus grandes comme BC & *bx*, on trouveroit
que la tranſparence ſeroit dans le rapport de YC à ↓*x*. Mais de cette ſorte
le rapport de la tranſparence ſpécifique,
au lieu d'être conſtant & général, &
de convenir à toutes les épaiſſeurs poſ-
ſibles changeroit continuellement : car
les Géometres ſçavent que les ordonnées VM & *yc* ne ſont pas en même
raiſon que les ordonnées YC & ↓*x*.
Tout le monde peut s'aſſurer auſſi très-
aiſément de ce changement de rapport,
en attribuant aux ordonnées AB, VM,

E iij

YG des nombres comme 16, 8, & 4 qui soient en progression Géometrique & aux ordonnées *ab*, *yc*, *↓x*, d'autres nombres comme 16, 4, 1, qui suivent une autre progression géometrique, afin de marquer la diversité de la transparence. A ne considerer ensuite que les ordonnées VM & *yc*, ou les quantitez de lumieres qui traversent les premieres épaisseurs BM & *bc*, le premier milieu seroit plus transparent que le second dans le rapport de 8 à 4; c'est-à-dire qu'il seroit deux fois plus transparent; au lieu qu'à considerer les ordonnées ou les quantitez de lumiere *yc* & *↓x* qui traversent les secondes épaisseurs BC & *bx*, il le seroit quatre fois plus : & on trouveroit ainsi toujours du changement, si on prenoit d'autres épaisseurs.

On peut examiner de la même maniere tous les autres sens, dans lesquels on peut comparer la transparence specifique des corps diaphanes; & on verra qu'on est toujours sujet à rencontrer differens rapports, à moins qu'on ne fasse consister cette transparence, dans le plus ou le moins de chemin que la lumiere fait dans les differens milieux, pour diminuer de la même quantité. C'est-à-dire donc *que les matieres*

cinq ou six fois plus transparentes, font celles qui ne caufent que la même diminution à
la lumiere, quoiqu'elles foient cinq ou six
fois plus épaiffes. Ainfi fi les quantitez de
lumiere AB, RF, VM, YC, &c. font
égales aux quantitez *ab*, *rf*, *um*, *yc*,
le milieu ABCD fera plus diaphane
que le milieu *abμδ* dans le rapport de
BF à *bf* ou de BM à *bm*, ou encore de
BC à *bc*; & il eft clair que tous ces
rapports font égaux, puifque nous a-
vons vû que lorfque les ordonnées de
differentes logarithmiques font égales,
les parties de leurs axes font toujours
proportionnelles. On peut remarquer
auffi que les foutangentes BZ & *bz*
font encore dans le même rapport : car
fi on conçoit deux ordonnées *ab* & *rf*
infiniment proche l'une de l'autre &
égales aux deux ordonnées AB & RF,
& qu'on tire les petites lignes *r*ω &
Rω, égales & paralelles à *fb* & à FB;
il y aura même raifon de AB à Aω ou
de *ab* à *a*ω que de la foutangente BZ à
Rω ou à BF, & que la foutangente
bz à *r*ω ou à *bf* : d'où il fuit que les
foutangentes BZ & *bz* font en même
raifon que les petites épaiffeurs BF
& *bf*. Ainfi les tranfparences fpecifi-
ques font non-feulement proportionnelles aux diverfes épaiffeurs que la

E iiij

lumiere a à traverser dans les différens milieux pour diminuer de la même quantité; mais elles sont aussi proportionnelles aux soutangentes des logarithmiques qui appartiennent à ces milieux, ou qui leur servent de *graduluciques*.

Selon cette notion de la transparence spécifique, il est évident que les corps qui ne different entr'eux que par leur densité, sont plus transparens les uns que les autres, précisement en même raison que leur dilatation est plus grande ou en raison inverse de leur densité. Car la lumiere ne peut souffrir la même alteration dans tous ces milieux, qu'en rencontrant un égal nombre de parties grossieres, qui soient propres à intercepter les rayons ou à les détourner; mais pour que la lumiere rencontre cet égal nombre de parties, il faut qu'elle traverse de plus grandes épaisseurs, à mesure que les milieux sont moins condensez. Si l'air devenoit donc, par exemple, deux ou trois fois plus rare, ou si la même masse occupoit deux ou trois fois plus d'espace, la lumiere ne recevroit ensuite le même affoiblissement que dans un trajet double ou triple; & l'air seroit alors par consequent deux ou trois

fois plus diaphane. Ce fera la même
chofe dans tous les autres cas. Mais
cependant fi on veut que la propofition foit toujours vraye & que la tranfparence augmente ou diminuë precifément en raifon inverfe des condenfations; il faut, lorfque les petits grains
de matiere, qui compofent ces corps,
s'approchent les uns des autres, qu'ils
ne viennent pas à fe toucher exactement, car leur contact pourroit peut-
être faire augmenter la tranfparence.
En effet, fi un rayon doit fe tranfmettre au travers de deux petits grains,
il peut être détourné & perdre de fa
force en quatre endroits, parce qu'il
rencontre quatre petites faces; mais
auffi-tôt que ces deux grains viendront
à fe toucher, ou qu'une nouvelle partie viendra s'inferer exactement entr'-
eux, & que le tout ne formera qu'un
feul petit corps, la lumiere ne pourra
plus fouffrir d'alteration qu'en deux endroits, à fon entrée & à fa fortie. Ainfi nous fommes obligez de mettre cette modification à notre propofition ,
que les milieux ne perdent de leur
tranfparence, à mefure qu'ils deviennent plus condenfez, que lorfque leurs
petits grains de matiere ne s'approchent pas affez les uns des autres, pour

chaſſer tout l'air ſubtil ou tout l'éther qui eſt entr'eux.

Lorſque d'un autre côté, les corps ſont de même denſité, & qu'ils ne different, que parce que la même quantité de matiere eſt diſtribuée en un plus grand ou en un moindre nombre de parties, on peut voir aſſez aiſément que ces corps ſont plus ou moins diaphanes ſelon que leurs petites parties ſont plus ou moins groſſes.

Nous n'avons qu'à nous repreſenter deux milieux de même denſité, tels que le premier ayant un moindre nombre de parties groſſieres que le ſecond, ces parties ayent en récompenſe trois ou quatre fois plus de diametre, afin de faire toujours en tout la même maſſe. Il eſt évident que ſi on diviſe par la penſée ces deux milieux en un nombre preſqu'infini de tranches dont l'épaiſſeur ſoit égale au diametre de leurs parties, la lumiere recevra préciſément la même diminution en traverſant ces tranches dans l'un & l'autre milieu. Car ſi le nombre des grains de matiere eſt beaucoup plus petit, dans le premier, parce que ces grains ſont plus gros, le nombre des pores, ou des petits eſpaces qui ne ſont occupez que par l'éther, ſera auſſi moindre ; parce que ces

petits espaces seront en récompense,
trois ou quatre fois plus larges, & la
distribution des uns & des autres, sera toujours précisément la même. Mais
remarquez qu'un égal nombre de ces
tranches, qui ne causent à la lumiere
que la même diminution dans les deux
milieux, formeront cependant ensemble une épaisseur trois ou quatre fois
plus grande dans le premier, puisque
nous avons supposé que ses parties ont
trois ou quatre fois plus de diametre,
ce qui rend ses tranches trois ou quatre fois plus épaisses; & ainsi il est sensible qu'il faudra que la lumiere parcou-
re un espace trois ou quatre fois plus
long pour diminuer de la même quantité. C'est ce qui nous montre que les
corps de même densité, & qui ne different que par la grosseur de leurs grains
de matiere, sont plus ou moins diaphanes, selon que ses grains sont plus
ou moins gros; & que la transparence
spécifique est proportionnelle au diametre de ces mêmes grains.

Il suit de tout cela, que dans les
milieux dont les condensations sont differentes & dont les parties sont de differentes grosseurs, les transparences
doivent être en raison composée de la
raison directe des diametres des parties

& de la raison inverse des densitez.
C'est-à-dire, que si un milieu est, par
exemple, trois fois moins condensé
qu'un autre, & que ses parties ayent
en même-tems leur diametre six fois
plus grand, mais en conservant toujours la même figure, le premier milieu
sera dix-huit fois plus diaphane que
le second. Il le sera d'abord six fois,
parce que sa matiere étant rassemblée
en des grains dont le diametre est sex-
tuple, les tranches qui ne causeront à
la lumiere que le même affoiblissement,
seront six fois plus épaisses : & il le sera encore trois fois plus, parce qu'é-
tant trois fois moins condensé, la même quantité de matiere occupera un
volume trois fois plus grand. Ainsi la
soutangente de la logarithmique qui
appartiendroit à ce milieu, seroit dix-
huit fois plus longue ; & il faudroit que
la lumiere fît un trajet dix-huit fois
plus grand, pour diminuer de la même
quantité. Comme nous ne connoissons
pas l'arrangement ni la grandeur des
parties de matiere qui composent les
corps ; & que d'ailleurs nous faisons
ici abstraction des changemens que
peut souffrir l'éther qui est contenu
dans les pores , & que nous négligeons
quelqu'autre considération , la theorie

précedente ne peut guéres nous fervir à découvrir le rapport des tranfparences. Peut-être qu'il fera plus facile de conjecturer au contraire par
cette théorie, quelle eft la conftitution
interieure de quelques milieux, lorfqu'on connoîtra leur denfité, & qu'on
aura trouvé leur tranfparence, par les
experiences de l'autre Section.

Enfin il eft affez inutile maintenant
de dire que tout ce que nous venons
d'établir, convient également aux corps
diaphanes & à ceux que dans l'ufage
ordinaire, on nomme opaques. Il paroît affez que tous ces corps ne different les uns des autres que du plus au
moins, & que dans le fond, ils doivent tous être tranfparens. C'eft ce qui
eft auffi très-conforme à l'experience ;
car les corps que nous regardons comme les plus opaques donnent fenfiblement paffage à la lumiere, auffi - tôt
qu'on les réduit à une très-petite é-
paiffeur. La logarithmique (mais il faut
que c'en foit une qui avance très-prom-
ptement vers fon axe & dont la foutangente foit très-petite.) La logarithmique, dis-je, doit donc reprefenter
toujours dans tous ces corps, les af-
foibliffemens de la lumiere. Mais
puifque cette ligne courbe ne rencon-

tre jamais son axe , quoiqu'elle s'en
approche continuellement , ou puisqu'une progression géometrique diminue à l'infini sans que ses termes deviennent jamais nuls ; il est clair que
la lumiere qui diminuë en suivant la
même proportion , doit décroître aussi à l'infini , sans qu'elle puisse jamais se
détruire tout-à-fait. Ainsi les corps
opaques ne sont pas tels, parce qu'ils
ferment entierement le passage à la lumiere , mais parce que , comme nous
l'avons déja dit , ils lui font souffrir
une trop grande diminution , pour
qu'elle puisse faire ensuite sur nos yeux
une impression sensible. Il nous reste à
ajouter que la diminution doit être
portée precisément au même degré
dans tous les corps , pour qu'ils commencent à devenir opaques : & de-là
il suit , que les épaisseurs qui produi-
sent l'opacité , sont proportionnelles
aux transparences specifiques des corps,
ou aux soutangentes de leurs logarithmiques. C'est-à-dire donc que si
l'air étoit par exemple, 12000 fois plus
transparent * que l'eau, ou que si la soutangente de la logarithmique qui lui
appartient étoit 12000 fois plus grande que la soutangente de la logarithmique de l'eau, il faudroit, pour rendre

* Nous
ferons
voir
dans la
Section
suivan-
te, qu'il
l'est
12131
fois

ces deux milieux également opaques, donner 12000 fois plus d'épaiſſeur au premier qu'au ſecond ; 12000 fois plus d'épaiſſeur à l'air qu'à l'eau.

SECTION III.

Methode de calculer les forces qu'a la lumiere , en traverſant differentes épaiſſeurs des corps tranſparens , lorſque les rayons ſont ſenſiblement paralelles.

SI les quantitez de lumiere qui traverſent le corps diaphane ABCD (fig. 4) ou ſi les ordonnées QB , Fig. 4. RF, SH , TL , &c. de la logarithmique QTY , ſont en progreſſion géometrique ; toutes les épaiſſeurs BF , FH , HL , ſeront comme on le ſçait , égales entr'elles : & ſi on cherche les logarithmes de toutes ces ordonnées ou quantitez de lumiere , on ſçait que les differences des logarithmes ſeront auſſi toutes égales ; parce que les logarithmes ſont en progreſſion arithmetique, lorſque les grandeurs ſont en progreſſion géometrique. Mais puiſque les differences des logarithmes ſont ainſi

égales les unes aux autres, en même-
tems que les épaisseurs BF, FH, HL,
&c. le font auffi, il eft clair qu'il y a
même rapport de chaque difference des
logarithmes, à toute autre petite épaiffeur, que de toute autre difference des
logarithmes, à toute autre petite é-
paiffeur : & il eft également clair que,
fi on compare plufieurs differences à un
égal nombre de petites épaiffeurs, le
rapport fe trouvera encore le même.
Ainfi, fi nous prenons la difference des
logarithmes de deux ordonnées fort
éloignées l'une de l'autre, comme, par
exemple, de RF & de XP, cette difference aura encore precifément la même
raifon à l'épaiffeur FP comprife entre
ces 2 ordonnées. Car la difference du
logarithme de RF au logarithme de XP
fera formée des differences des logá-
rithmes de toutes les ordonnées qui
font entre RF & XP; & la difference
totale contiendra precifément autant
de petites differences que l'épaiffeur totale FP contiendra de petites épaiffeurs
particulieres FH, HL, &c. Nous pouvons donc prendre pour principe que,
lorfque la lumiere traverfe diverfes épaif-
feurs d'un même corps, il y a toujours mê-
me rapport de la difference des logarithmes
des deux ordonnées ou quantitez de lumie-
re

re QB *&* RF *à l'épaiſſeur* BF *qui eſt entre deux, que de la difference des logarithmes de toutes autres ordonnées ou quantitez de lumiere, à l'épaiſſeur correſpondante.*

Pour rendre cette vérité plus ſenſible, nous ferons ici conſiderer au Lecteur la correſpondance qu'il y a entre la courbe logarithmique & la table des logarithmes qu'a inventé le Baron Neper. Les nombres de cette table ne font que marquer les dimenſions d'une certaine logarithmique dont la ſoutangente eſt de 4342945 parties. Les nombres naturels expriment la longueur des ordonnées, pendant que les logarithmes marquent la longueur des diverſes parties de l'axe, à commencer depuis un certain point ; & les differences des logarithmes marquent par conſéquent les differences des parties de l'axe ou les diſtances d'une ordonnée à l'autre. C'eſt pour cette raiſon que lorſqu'on prend pluſieurs nombres en progreſſion géometrique, leurs logarithmes font en progreſſion arithmetique ; ou ce qui revient à la même choſe, les differences des logarithmes font parfaitement égales : De même que lorſque les ordonnées d'une logarithmique font en progreſſion géometrique, les parties de l'axe font en progreſſion arithmetique,

F

à prendre depuis un certain point ; & si on ne confidere que leurs différences, ou que les parties comprifes entre chaque ordonnée, elles font toujours parfaitement égales. Il fuit delà, que la table des logarithmes peut exprimer la gradation de la lumiére dans un milieu d'une certaine tranfparence. Les nombres qu'on appelle naturels étant pris dans un ordre retrograde, parce que la lumiere va toujours en diminuant, feroient les degrez même de la lumiere ; & les differences des logarithmes exprimeroient les diverfes épaiffeurs du milieu, ou les diverfes parties de l'axe de la logarithmique, interceptées entre les ordonnées. Mais la même table peut fervir auffi pour tous les autres corps tranfparens ; parce que toutes les logarithmiques ne different de celle dont on peut concevoir que la table eft tirée, qu'à caufe que les mêmes ordonnées font fituées à plus ou à moins de diftance les unes des autres, mais toujours à des diftances proportionnelles, comme nous l'avons déja dit. Ainfi, fi on cherche dans la table, les logarithmes de plufieurs ordonnées ou quantitez de lumiere comme QB, RF, VN, YC, &c. (fig. 4) & qu'on prenne les differences de ces logarithmes ; toutes ces differences qui ne feront autre chofe que les diftances aufquelles les ordonnées QB, RF, VN, YC, &c. feroient appliquées les unes des autres dans la logarithmique de la table, doivent toujours être proportionnelles aux parties BF, FN, NC, &c. de l'axe BC de notre logarithmique QRTY, ou aux diverfes épaiffeurs que la lumiere traverfe dans le corps tranfparent AC. Ces véritez étant ainfi établies, nous allons nous propofer les problêmes fuivans.

PROBLEME I.

Ayant trouvé par la méthode de la premiere Section la partie de la lumiere qui traverfe une certaine épaiffeur d'un corps par tout également tranfparent, trouver la partie de la lumiere qui traverfe toutes les autres épaiffeurs du même corps.

LA queftion fe reduit à trouver toutes les ordonnées, comme VN, XP, &c. d'une logarithmique QRVY (fig. 4) lorfqu'on en connoît déja deux, comme QB, & RF ; l'une qui reprefente la quantité de lumiere qui vient pour entrer dans le corps, &

Fig. 4.

l'autre qui marque la quantité qui traverse l'épaisseur BF ou AE sans être interrompuë. Toutes les fois que les épaisseurs BN, BP, &c. contiennent exactement l'épaisseur BF un certain nombre de fois, on peut déterminer les ordonnées correspondantes VN, XP, &c. en continuant la progression géometrique selon laquelle la lumiere diminuë, ou selon le rapport qui est entre les deux ordonnées QB & RF. Sçachant, par exemple, que la lumiere diminuë de deux septiémes, ou qu'elle se réduit aux cinq septiémes de sa force, en passant au travers d'un morceau de verre ordinaire dont on fait les vitres, il n'y a qu'à mettre l'unité & $\frac{5}{7}$ pour representer les deux ordonnées QB & RF, & cherchant tous les autres termes de la progression géometrique. :: $1. \frac{5}{7} . \frac{25}{49} . \frac{125}{343} . \frac{625}{2401} . \frac{3125}{16807} . \frac{15625}{117649} . \frac{73125}{823543} . \frac{390625}{5764801} .$ &c. ils marqueront de suite la longueur de toutes les ordonnées SH, TL, VN, &c. ou les quantitez de lumiere qui traverseront les differentes épaisseurs BH, BL, BN, &c. Le neuviéme terme $\frac{390625}{5764801}$. exprimera, par exemple, la neuviéme ordonnée YC, ou la force

qu'a encore la lumiere après avoir traverſé 8 morceaux de verre ; ce qui
montreroit que la lumiere n'auroit alors
qu'environ la quinziéme partie de ſa
premiere force.

On peut rendre cette méthode plus
ſimple & plus générale en faiſant attention à une proprieté très-remarqua-
ble de la progreſſion géometrique. Il
eſt facile de démontrer que le quarré
du premier terme eſt au quarré du ſecond, comme le premier terme eſt au
troiſiéme ; que le cube ou la troiſiéme puiſſance du premier terme eſt à
la troiſiéme puiſſance du ſécond comme le premier terme eſt au quatriéme ,
& ainſi toujours de ſuite ; de ſorte qu'-
en général une certaine puiſſance du
premier terme eſt toujours à la même
puiſſance du ſecond , comme le premier terme eſt à un autre terme qui
en eſt éloigné d'autant d'intervalles que
la puiſſance du premier & du ſecond
a de degrez. Ainſi , ſi nous déſignons
par la lettre *A* la quantité de lumiere
comme QB qui ſe preſente pour entrer
dans le milieu ABCD ; par la lettre *B*
la quantité connue de lumiere RF qui
paſſe au travers de l'épaiſſeur connue
BF = *c* & qui parvient juſqu'en EF ;
& enfin par *Y* la quantité inconnuë

XP qui peut traverser une épaisseur
proposée BP $=f$: nous n'avons qu'à
diviser l'épaisseur BP$=f$ par l'épaisseur
BF $= c$, pour voir combien la premiere
contient de fois la seconde , ou pour

sçavoir le nombre $\frac{f}{c}$ d'intervales qu'il

y a entre QB qui est le premier terme
de la progression & XP qui en est le
dernier : & nous pourrons faire ensuite cette analogie ; le premier terme

QB élevé à la puissance dont $\frac{f}{c}$ expri-

me le degré , est au second terme RF
élevé à la même puissance , comme le
premier terme QB sera au dernier XP.
Nous aurons en expressions algebri-

$$\text{ques} \ldots \ldots \ldots A^{\frac{f}{c}} \mid B^{\frac{f}{c}} \mid\mid A \mid Y ;$$

$$\text{ce qui donne } Y = \frac{a\,b^{\frac{f}{c}}}{a^{\frac{f}{c}}} = \frac{b^{\frac{f}{c}}}{a^{\frac{f-c}{c}}} ;$$

& cette formule marque , comme on
le voit, la valeur de Y en grandeurs
entierement connuës.

Mais comme il doit être souvent im-
possible de faire les extractions de ra-
cines que cette formule prescrit , je

crois qu'il vaut mieux avoir recours dans la pratique à la table des logarithmes & se servir du principe que nous avons établi au commencement de cette Section. Nous ferons donc cette proportion, *l'épaisseur* BF *est à la difference des logarithmes des ordonnées ou quantitez de lumiere* QB & RF *, comme toute autre épaisseur* BP *sera à la difference des logarithmes des ordonnées* QB & XP *; & ôtant cette differcnee du logarithme de* QB *, il restera le logarithme de* XP. De sorte qu'il n'y aura plus qu'à chercher dans les tables , à quel nombre répond ce logarithme & on aura la quantité de lumiere qui traverse l'épaisseur proposée BP ou AO & qui parvient en OP sans être interceptée.

Proposons - nous, par exemple, de trouver la partie de la lumiere qui traverse une épaisseur d'air grossier de 100000 toises, en supposant que la lumiere diminuë dans le rapport de 2500 à 1681, lorsqu'elle traverse 7469 toises, comme nous l'avons insinué dans la premiere Section ; Nous prendrons la difference des logarithmes * de 2500 & de 1681 ou de quelques autres nombres qui soient en même raison , & nous ferons cette analogie ; 7469 toises est à 1723723 , qui est la difference des lo-

* Les logarithmes dont nous nous servirons toujours , ne seront formez que de 7 figures précedées de la caracteristique.

garithmes de 2500 & de 1681, ou qui eſt le logarithme de $\frac{2500}{1681}$, comme 100000 toiſ. eſt à 23078364, pour la difference des logarithmes des 2 forces qu'a la lumiere au commencement & à la fin du trajet des 100000 toiſ. ou pour le logarithme du rapport ſelon lequel la lumiere diminuë. Or ce logarithme répond à environ 203 ou à $\frac{203}{1}$; ce qui nous apprend que la diminution ſe fait dans le rapport de 203 à 1, ou que la lumiere deviendroit 203 fois plus foible, en traverſant 100000 toiſes d'air groſſier d'ici bas.

Nous prendrons pour ſecond exemple les morceaux de verre dont nous avons parlé dans la premiere experience de la premiere Section, & nous chercherons quelle diminution ils font ſouffrir à la lumiere lorſqu'on en met 74 l'un ſur l'autre. Puiſque 16 morceaux de ce verre font diminuer 247 fois la lumiere, ou la font diminuer dans le rapport de 247 à 1, nous pouvons faire cette proportion, 16 eſt à 2. 3926969 qui eſt la difference des logarithmes de 247 & de 1, ou qui eſt le logarithme du rapport $\frac{247}{1}$ comme 74 eſt à 11. 0662232 pour la difference des logarithmes

rithmes des deux forces qu'a la lumiere à son entrée & à sa sortie, ou pour
le logarithme du nombre de fois qu'elle
diminuë en passant au travers des 74
morceaux de verre. On trouve de cette sorte qu'elle diminuë environ
1164 72400000 fois ; diminution prodi-
gieuse, mais qui n'est cependant pas
encore assez grande pour empêcher la
lumiere du soleil d'agir sur nos yeux.

PROBLEME II.

Connoissant la diminution que souffre la lu-
miere en traversant une certaine épais-
seur d'un corps transparent, trouver l'é-
paisseur qu'il faut que la lumiere péné-
tre dans le même corps pour souffrir
quelle autre diminution on voudra.

CE Problême est l'inverse du précédent, & nous pouvons le re-
soudre aussi par le principe général
que nous avons assez établi, que lorsque la lumiere passe au travers d'un
corps diaphane, il y a toujours un rapport constant entre la difference des
logarithmes de ses diverses forces &
les épaisseurs qu'elle traverse. Supposons donc que l'ordonnée QB re- Fig. 4.
présentant la quantité de lumiere

G

qui vient pour entrer dans le corps tranſparent ABCD ; l'ordonnée RF repreſente la partie de cette lumiere qui parvient juſqu'en EF après avoir pénétré l'épaiſſeur connuë BF ou AE, & ſuppoſons qu'il s'agiſſe de trouver l'épaiſſeur BP qu'il faut que la lumiere traverſe pour ſe réduire à la quantité XP : Nous n'avons ſimplement qu'à faire cette proportion ; *La difference des logarithmes des ordonnées ou quantitez de lumiere* QB *&* RF *eſt à l'épaiſſeur* BF, *comme la difference des logarithmes des ordonnées* QB *&* XP *eſt à l'épaiſſeur requiſe* BP.

Si on demande, par exemple, combien il faut de morceaux de verre pour affoiblir 61009 fois la lumiere, lorſque le verre eſt de la même qualité que celui que nous avons employé dans pluſieurs de nos experiences, & lorſque 16 morceaux font diminuer 247 fois la lumiere : on trouvera par l'analogie que nous venons d'indiquer, qu'il faut trente.deux morceaux; car le logarithme 2.3926969 de 247 eſt à 16 comme le logarithme 4. 7853939 de 61009 eſt à 32. Si on demande pareillement quel chemin il faut que la lumiere faſſe dans l'eau marine pour devenir 300000 fois plus foible, nous n'aurons qu'à nous servir de la seconde experience de la premiere Section , qui nous apprend que la lumiere diminuë dans le rapport de 14 à 5 en traversant une épaisseur de 115 pouces ou de $9\frac{7}{12}$ pieds de cette eau ; nous ferons ensuite cette analogie; 4471580 qui est le logarithme de $\frac{14}{5}$ est à $9\frac{7}{12}$ pieds , comme le logarithme 5. 4771212 de 300000 ou de $\frac{300000}{1}$ est à environ 117 pieds.

PROBLEME III.

Connoissant par les méthodes de la premiere Section la diminution que souffre la lumiere en traversant une certaine épaisseur de differens corps diaphanes , trouver la transparence spécifique de ces corps.

NOus avons vû ci-devant que la transparence spécifique consiste dans le plus ou le moins de chemin que la lumiere fait dans differens milieux , pour diminuer de la même quantité. Ainsi il nous est tout-à-fait facile de résoudre ce Problême par le moyen du précédent. Nous n'avons qu'à chercher quelle épaisseur il faut donner à chaque milieu pour faire diminuer la lumiere , il n'importe de quelle quantité, pourvû qu'elle soit toujours la même; & nous sçaurons ensuite par les diverses épaisseurs que nous trouverons, de combien les differentes especes de milieux sont plus transparentes les unes que les autres. On trouve, par exemple, par le moyen du Problême précédent, qu'il faut que l'eau de mer ait $1\frac{27397}{223579}$ pouce d'épaisseur pour faire diminuer la lumiere d'une centiéme partie, ou pour la faire diminuer dans le rapport de 100 à 99 ; & qu'il faut que l'air grossier d'ici bas ait 189 toises d'épaisseur pour pouvoir produire le même degré d'affoiblissement. Il ne reste donc plus qu'à voir combien 189 toises sont de fois plus grandes que $1\frac{27397}{223597}$ pouce, & on sçaura par-là que l'air est environ 12131 fois plus transparent que l'eau de mer. On peut trouver encore la même chose, en cherchant la grandeur des soutangentes des logarithmiques qui appartiennent aux differens milieux. C'est ce qui nous invite à chercher ces soutangentes : & nous le faisons aussi, afin de mieux connoître les logarithmiques qui servent de *graduluciques* à chaque corps.

PROBLEME IV.

Trouver la soutangente de la logarithmique qui appartient à chaque corps transparent.

NOus n'avons pour cela qu'à faire attention à ce que nous avons tâché d'établir à la fin de la Section précédente, que si on prend plusieurs ordonnées de même longueur dans deux logarithmiques differentes, comme par exemple, dans la logarithmique QRVY qui sert de *graduluci-* que au corps diaphane ABCD, & dans la logarithmique dont on peut concevoir qu'est tirée la table des logarithmes; les parties de l'axe interceptées entre ces ordonnées seront en même raison que les soutangentes des deux courbes. C'est-à-dire, que les parties de l'axe de la logarithmique des tables, ou ce qui est la même chose, la difference des logarithmes de ses ordonnées, sera aux parties de l'axe de l'autre logarithmique, comme la soutangente de la premiere sera à la soutangente de la seconde. Ainsi lorsque nous connoîtrons deux ordonnées comme QB & RF, ou que nous sçau-

Fig. 4.

rons la quantité de lumiere qui fe pre-
fente pour entrer dans le corps tranfparent AB, & celle qui parvient jufqu'-
en EF, après avoir traverfé l'épaiffeur
BF ou AE ; nous n'aurons qu'à chercher les logarithmes de ces deux quantitez de lumiere QB & RF dans la
table des logarithmes, & nous pourrons faire enfuite cette proportion :
*la difference de ces deux logarithmes eft à
l'épaiffeur BF, comme la foutangente 4342945
de la logarithmique de la table, fera à la
foutangente de notre logarithmique QRVY.*

Il eft facile de voir que la foutangente de la logarithmique de la table
eft de 4342945 parties. Car fi on fuppofe
deux ordonnées dont l'une foit de
10000 & l'autre de 10001, les logarithmes de ces deux ordonnées feront
4. 0000000, & 4. 0000434 $\frac{2728}{10000}$; & fi on
fouftrait l'une de l'autre, il reftera 434
$\frac{2728}{10000}$ pour la petite partie de l'axe interceptée entre ces deux ordonnées.
Et fi on fait de plus attention que le
petit triangle formé par l'excès 1 de la
premiere ordonnée fur la feconde,
par la diftance 434 $\frac{2728}{10000}$ d'une ordonnée à l'autre & par une petite partie
de la courbe, eft fenfiblement recti-

ligne, & qu'il eſt à peu près ſemblable au grand triangle rectangle formé
par l'ordonnée moyenne 10000 $\frac{1}{2}$ qui
tient le milieu entre les deux autres
10000 & 10001, par la ſoutangente &
par la tangente ; on verra qu'on peut
faire cette proportion ; la difference
1 des deux ordonnées eſt à leur diſtance
434 $\frac{2728}{10000}$, comme l'ordonnée moyenne 10000 $\frac{1}{2}$ ſera à la ſoutangente
4342945. Ainſi nous connoiſſons le
troiſiéme terme de toutes les regles
de trois qu'il nous faudra employer
pour découvrir la ſoutangente des logarithmiques comme QVY dont les
ordonnées expriment les divers degrez
de lumiere ; & il n'y aura que le premier & le ſecond termes qui ſeront
ſujets à changer , leſquels dépendent
de la differente tranſparence des corps.
Si nous voulons avoir , par exemple ,
la ſoutangente de la logarithmique
qui appartient à l'eau de mer ; nous
nous ſervirons de l'experience qui nous
a appris qu'une épaiſſeur de 115 pouces,
fait diminuer la lumiere dans le rapport de 14 à 5; nous prendrons la difference des logarithmes de 14 & de
5; & comme il vient 4471580 , nous

G iiij

ferons cette proportion ; 4471580 est à l'épaisseur de 115 pouces, comme la soutangente 4342945 de la table des logarithmes est à $111 \frac{3093205}{4471580}$ pouces. D'où il suit que la logarithmique qui sert de *gradulucique* à l'eau de mer, ou dont les ordonnées expriment les quantitez de lumiere qui passent au travers, aura sa soutangente de $111 \frac{3093295}{4471580}$ pouces, ou d'environ 112 pouces.

Si on veut faire la même chose pour l'air grossier qui intercepte environ le tiers de la lumiere, ou qui la réduit de 2500 degrez à 1681, lorsqu'il a une épaisseur de 7469 toises, on n'a qu'à faire cette proportion ; la difference 1723723 des logarithmes de 2500 & de 1681 est à 7469 toises, comme la soutangente 4342945 de la table est à environ 18818 toises ; & c'est-là la soutangente de la logarithmique qui represente par ses ordonnées les forces de la lumiere dans l'air grossier. Ce sera la même chose pour tous les autres milieux ; & les soutangentes qu'on trouvera seront toujours les *exposans* de leurs transparences specifiques, de même que les diverses épaisseurs que la lumiere traverse pour di-

minuer de la même quantité. Auffi
voyons-nous que la foutangente 18818
toif. de l'air eft 12131 fois plus grande que
celle (112 pouces) de l'eau de mer ; ce
qui marque que le premier milieu eft
12131 fois plus tranfparent que le fecond,
comme nous l'avons déja trouvé.

P R O B L E M E V.

*Connoiffant, par l'experience, la diminu-
tion que fouffre la lumiere en traverfant
une certaine épaiffeur d'un corps tranfparent, déterminer l'épaiffeur qu'il faut
donner à ce corps pour le faire devenir
opaque.*

L'Opacite' des corps confifte ,
comme nous l'avons vû ci-devant,
dans une diminution très-confiderable
de la lumiere qui les traverfe ; & il
eft certain que cette diminution doit
être portée au même terme dans tous
les corps qui commencent à devenir
opaques. Cela fuppofé, il fuffiroit de
connoître ce terme ou ce degré d'af-
foibliffement, pour qu'on fût en état
de trouver, par le moyen du fecond
Problême, l'épaiffeur qui le produit ,
ou l'épaiffeur qui fait perdre aux corps
leurs tranfparences ; mais il paroît d'a-

bord affez difficile de pouvoir découvrir quel eft le degré précis de cette
grande diminution.

Cependant nous avons trouvé un
moyen très-aifé d'en venir à bout, en
faifant fimplement quelques obfervations fur un feul corps tranfparent. C'eft
d'examiner par les méthodes de la
premiere Section, combien ce corps
fait diminuer la lumiere, lorfqu'il n'a
qu'une épaiffeur médiocre ; on augmentera enfuite cette épaiffeur, jufqu'à ce que le corps devienne opaque;
& on découvrira la diminution qu'il
caufe dans ce fecond cas, par la connoiffance qu'on aura de la diminution
qu'il produit dans le premier. Pour
executer cela plus commodément, j'em-
ployai plufieurs morceaux du verre
ordinaire dont on fait les vitres, de
ce même verre qui fait diminuer 247
fois la lumiere lorfqu'elle paffe au travers de 16 morceaux. J'en arrangeai 74
à quelques diftances les uns des autres
dans un tuyau ; & me tournant enfuite vers le foleil qui avoit environ 50
degrez de hauteur, je voyois encore
quelque apparence de cet aftre, quoique fa lumiere fût diminuée environ
116472400000 fois, comme nous l'a-
vons trouvé dans le premier Problê-

mê. Plusieurs personnes qui firent la même experience avec moi, voyoient aussi
une foible lueur qu'ils ne distinguoient
qu'avec peine, & qui s'évanoüissoit
aussi-tôt que leurs yeux n'étoient pas
tout-à-fait dans l'obscurité. Mais enfin lorsque j'eus ajoûté encore 2 ou 3
morceaux de verre aux 74 premiers,
nous ne vîmes plus tous aucune lumiere. Cependant je crois qu'on doit
supposer 80 morceaux, afin de former une épaisseur qui paroisse n'avoir
absolument aucune transparence, &
qui soit opaque par rapport aux vües
même les plus délicates. Or quatre-
vingt morceaux doivent faire diminuer
919358226007 fois la lumiere : C'est ce
qu'on trouve par cette analogie ; 16
morceaux sont au logarithme 2.3926969

de $\frac{247}{1}$ ou de 247 , comme 80 sont à

11. 9634848 qui est le logarithme de
919358226007. Ainsi les 80 morceaux
de verre qui paroissent fermer entierement le passage aux rayons, ne le
ferment pas absolument ; mais ils rendent la lumiere environ neuf cens milliards de fois plus foible.

Ces observations faites sur le verre
étant supposées, il est facile de trouver maintenant l'épaisseur que doivent

avoir tous les autres corps diaphanes
pour perdre leurs transparences. Il ne
s'agit que de trouver , par le moyen
du second Problême, l'épaisseur qu'il
faut qu'ils ayent pour faire diminuer
neuf cens milliards de fois la lumiere :
Car aussi-tôt qu'ils la feront diminuer
ce grand nombre de fois , ils doivent
avoir autant d'opacité que nos 80 morceaux de verre, & ils doivent être o-
paques non-seulement par rapport à
la lumiere du soleil, mais aussi par rapport à celle de tous les autres objets ;
puisque nous n'en connoissons aucun
qui ait autant d'éclat que cet astre.
Aussi-tôt donc que nous aurons trouvé par quelques experiences la diminution que cause une épaisseur médiocre d'un corps transparent , nous n'aurons qu'à faire l'analogie suivante ,
conformément au second Problême ;
le logarithme du rapport selon lequel se fait
la diminution est à l'épaisseur qui la produit ,
comme le logarithme 11. 9634848 *de neuf*
cens milliards sera à l'épaisseur qui doit
rendre le corps proposé opaque. Il n'y
aura dans cette proportion que le premier & le second termes qui seront sujets à changer, & pour le troisiéme,
il sera toujours constant. Si on cherche par cette analogie l'épaisseur que

doit avoir l'eau marine, pour perdre
sensiblement toute sa transparence ,
on trouvera 256 pieds ou 42 $\frac{2}{3}$ toises.

La même méthode appliquée à l'air
d'ici bas, donne 518385 toises ou environ 227 lieuës communes : ce qui nous
apprend que si l'atmosphere s'étendoit
à une semblable distance de la terre , en
conservant par tout la même densité
qu'ici bas ; nous ne recevrions aucune
lumiere des astres , & nous serions
continuellément plongez dans la plus
sombre nuit.

SECTION IV.

Méthode de calculer les forces de la lumie-
re, lorsque le corps lumineux n'est pas
à une distance infinie.

NOus avons supposé ci-devant
que le corps lumineux étoit à une
distance comme infinie , & que ses
rayons étoient sensiblement paralleles.
Nous allons maintenant supposer que
le corps lumineux n'est plus si éloigné,
& faire attention à l'effet que doit cau-
ser la divergence de ses rayons. Dans
ce cas la vivacité de la lumiere est su-

jette à recevoir deux diminutions ;
l'une par le défaut de transparence
du milieu, lequel intercepte toujours
quelques rayons ; & l'autre, parce que
les rayons qui restent & qui ne font
point interrompus, vont toujours en
s'éloignant les uns des autres, & occupent continuellement de plus grands
espaces ; ce qui fait qu'il en tombe
moins en chaque endroit. Or, si on
combine cette derniere diminution qui
suit, comme nous l'avons vû ci-devant, la raison inverse des quarrez
des distances, avec l'autre diminution,
causée par le défaut de transparence;
on verra que les diverses forces de la
lumiere doivent être en raison composée de la raison directe des ordonnées de la logarithmique dont nous
venons de parler dans la Section précédente, & de la raison inverse des
quarrez des distances ; ou ce qui revient
à la même chose, qu'elles doivent être
proportionnelles aux ordonnées de la
logarithmique, divisées par les quarrez de distances au corps lumineux.

Il est facile de voir que l'opacité du
milieu doit faire diminuer la lumiere
précisément de la même façon que ci-
devant & la faire suivre le rapport des
ordonnées de la même logarithmique.

Car si les rayons qui sortent d'un flambeau, forment un cone par leur divergence, & vont toujours en s'éloignant les uns des autres ; ils ne doivent pas être pour cela plus sujets à être interrompus ; puisqu'en même-tems que les espaces dans lesquels ils se répandent ont plus de parties grossieres, ils ont aussi plus de pores ; & qu'entre les parties grossieres, il y en a aussi une plus grande multitude qui sont propres à transmettre les rayons. Ainsi supposé qu'on divise le cone de lumiere en une infinité de tranches paralleles entr'elles & perpendiculaires à l'axe & qu'une de ces tranches intercepte, par exemple, la dixiéme partie des rayons; toutes les autres tranches de même épaisseur, quoiqu'elles ayent continuellement plus d'étenduë, n'intercepteront aussi que la dixiéme partie; & la lumiere totale diminuera toujours en progression géometrique, & sera encore exprimée par les ordonnées de notre logarithmique. Mais au lieu que cette lumiere n'occupe que des espaces de même grandeur, lorsque le corps lumineux est à une distance infinie & que ses rayons sont paralelles, elle occupe ici des espaces qui sont toujours de plus grands en plus grands & qui

augmentent comme les quarrez des diftances. C'eft pourquoi la vivacité de
la lumiere qu'on fent à differens éloignemens , ne doit plus fuivre fimplement le rapport des ordonnées de la
logarithmique, mais le rapport de ces
ordonnées divifées par les quarrez des
diftances : car la lumiere ne peut pas
fe répandre dans de plus grands efpa-
cès , fans être en même-tems plus foible à proportion.

De cette forte, lorfque les rayons
ne font pas paralleles & que leur divergence eft fenfible , on doit concevoir le corps lumineux accompagné
de deux differentes lignes courbes de
la logarithmique que nous avons montré à déterminer , & d'une autre ligne
dont les ordonnées foient égales à
celles de la logarithmique divifées par
les quarrez des abfciffes ou par les
quarrez des diftances au corps lu-
Fig. 8. mineux. Suppofé que A foit la flâme d'une bougie , la logatithmique
BVY dont AC eft l'axe , reprefente par
fes ordonnées NV, PQ, &c. la quantité
totale de la lumiere qui parvient à chaque des tranches du cone de lumiere
dont le corps A eft le fommet ; & ces
mêmes ordonnées exprimeroient auffi,
comme on le fçait , la vivacité de la
lumiere,

lumiere, fi le flambeau étoit à une diftance infinie ; parce que les rayons
n'occupant toujours alors que le même
efpace, la vivacité feroit en même raifon que la quantité de la lumiere.
Mais comme les rayons vont ici toujours en s'éloignant les uns des autres,
il faut, pour que l'autre courbe MRF
foit la *gradulucique* & que fes ordonnées reprefentent la force de la lumiere qui fe fait actuellement fentir en
chaque point N & P, &c. il faut que
les ordonnées NM, PR, &c. de cette
courbe foient les quotiens des ordonnées de la logarithmique ou des quantitez totales de lumiere NV, PQ, &c.
divifées par les quarrez des diftances
AN, AP, &c. ou par la grandeur des
efpaces qu'occupe la lumiere.

Ce fera auffi la même chofe, lorfque
le corps tranfparent n'environnera pas
le corps lumineux A, & qu'il fera renfermé entre les deux furfaces planes
paralleles OS & TX expofées per- Fig. 9.
pendiculairement à la lumiere. Car
tous les rayons comme A B C D &
AEFG, fi on en excepte le feul rayon
perpendiculaire AP, fouffrent refraction à la rencontre des deux furfaces
OS & TX ; mais ils font enfuite dirigez, comme s'ils partoient du foyer

H

virtuel a, que nous avons montré à déterminer dans la premiere Section ; &
ils occupent préeisément le même efpace, que s'ils fortoient effectivement
de ce point. Ainfi il n'y a point ici
de nouvelle difficulté ; & pour comparer la vivacité qu'a la lumiere en entrant en N dans le corps tranfparent
OSTX, avec celle qu'elle a en fortant
en P ; il n'y a qu'à concevoir la logarithmique VQ qui exprime par fes ordonnées les diverfes quantitez de lumiere qui parviennent dans tous les
endroits du corps OX : Et fi nous divifons la quantité NV, par l'efpace
qu'elle occupe, ou par le quarré de la
diftance AN , au flambeau A ; & la
quantité PQ qui parvient jufqu'en P,
par l'efpace qu'elle occupe en cet endroit, ou par le quarré de la diftance
aP au point de divergence a ; il eft fen-

fible que les quotiens $\frac{NV}{\overline{AN}^2}$ & $\frac{PQ}{\overline{aP}^2}$ fe-

ront les differens degrez de force ou
de vivacité qu'aura la lumiere, lorfqu'elle entrera dans le corps tranfparent, & lorfqu'elle en fortira. En un
mot, c'eft toujours une regle génerale,
pour trouver les divers degrez de
force qu'a la lumiere , de divifer la

multitude totale des rayons, par l'étenduë de la surface dans laquelle ces rayons font répandus. Mais au lieu de divifer par l'étenduë même des furfaces, on peut le faire par quelques grandeurs qui foient en même raifon; & c'eft pourquoi nous divifons ici par les quarrez des diftances au flambeau & au foyer virtuel.

Au furplus comme la courbe MRF dépend abfolument de la logarith- Fig. 2. mique BVQ, il eft fenfible qu'elle doit être auffi du nombre des courbes qu'on nomme mécaniques ou tranfcendantes. Ainfi il n'eft pas poffible d'exprimer généralement & d'une maniere finie la relation de fes ordonnées & de fes abfciffes : Tout ce qu'on peut faire c'eft d'employer une ferie, qui foit d'autant plus exacte qu'on la pouffera plus loin. Suppofé que h défigne les foutangentes de la logarithmique BVQ, & que x reprefente les parties de l'axe de cette courbe, ou fes abciffes comme AN ou AP ; les Lecteurs qui font Géometres fçavent que

$$1 - \frac{x}{h} + \frac{x^2}{2h^2} - \frac{x^3}{6h^3} + \frac{x^4}{24h^4} - \text{&c. expri-}$$

me la valeur des ordonnées correfpondantes comme VN ou PQ. Or, fi on divise cette valeur des ordonnées de la logarithmique, par le quarré x^2 de ses abscisses; nous aurons conformément à ce que nous venons d'établir, la suite infinie $\frac{1}{x^2} - \frac{1}{hx} + \frac{1}{2h^2}$

$$- \frac{x}{6h^3} + \frac{x^2}{24h^4} - \frac{x^3}{120h} + \frac{x^4}{720h^6 5} - \&c.$$

pour l'expression des ordonnées NM ou PR de l'autre courbe, ou pour l'expression des forces qu'a la lumiere à toutes les differentes distances du corps lumineux.

Mais nous pouvons nous servir encore des tables des logarithmes, pour calculer, d'une maniere commode, les differens degrez de la lumiere. Nous n'avons qu'à nous souvenir de ce que nous avons déja répété tant de fois, que si on cherche dans la table inventée par Neper, les logarithmes des ordonnées P Q , C Y , &c. de la logarithmique B Q Y; les differences de tous ces logarithmes, seront proportionnelles aux parties N P , P C , &c. de l'axe AC ; & elles seront toujours à ses parties, en même rapport que la soutangente 4342945 de la logarithmique dont on peut supposer que la table de Neper est déduite, est

Fig. 8.

à la foutangente de la logarithmique
BQY. Par le moyen de ce principe
nous calculerons , comme ci - devant,
toutes les ordonnées de cette logarithmique BQY ; & divifant enfuite ces
ordonnées par le quarré de leur diftance au corps lumineux , il nous viendra les divers degrez de force de la
lumiere à differentes diftances ou les
ordonnées de la *gradulucique* EMF. Et
fi nous connoiffons au contraire quelqu'une des ordonnées de cette feconde courbe , nous n'aurons qu'à les multiplier par les quarrez des diftances au
corps lumineux , ou par les quarrez
des diftances au foyer virtuel lorfque
les rayons fouffriront réfraction ; &
les produits nous donneront toujours
les ordonnées correfpondantes de la
logarithmique BQY.

Suppofé que nous connoiffions , par
exemple, les forces NM & PR de la
lumiere en N & en P , & que nous
voulions découvrir la force CF qu'a la
lumiere en quelqu'autre point C , nous
multiplierons les forces connuës NM
& RP par les quarrez des diftances
AN & AP , pour avoir les ordonnées
NV & PQ de la logarithmique BVY;
& connoiffant ces deux ordonnées ,
nous chercherons la troifiéme CY par

cettte analogie ; la partie NP de l'axe est à la difference des logarithmes des deux ordonnées NV & PQ, comme la partie NC est à la difference des logarithmes de NV & de CY. Cette difference étant trouvée, nous l'ôterons du logarithme de NV, pour avoir celui de CY ; & enfin nous n'aurons qu'à diviser CY par le quarré de la distance AC, & nous trouverons l'ordonnée requise CF qui represente la force qu'a la lumiere au point proposé C. En suivant la même méthode, & en passant ainsi des ordonnées d'une des lignes courbes aux ordonnées de l'autre, on pourra résoudre tous les Problêmes qui peuvent se presenter sur la force de la lumiere : c'est ce qu'on va voir dans les deux Propositions suivantes. Mais nous employerons le calcul algebrique, afin de rendre nos résolutions plus générales, & afin de n'être pas obligé aussi de nous répandre dans de trop longs discours.

PREMIERE PROPOSITION.

Comparer généralement les differentes for-
ces qu'a la lumiere à differentes diſtan-
ces du corps lumineux lorſque cette lu-
miere paſſe au travers d'un corps par
tout également diaphane.

PREPARATION.

JE ſuppoſe d'abord que le corps
tranſparent O T X S eſt renfermé Fig. 9.
entre deux ſurfaces planes O S, TX
perpendiculaires aux rayons AP, &
qu'on connoiſſe le rapport du ſinus
d'incidence au ſinus de refraction, lorſque la lumiere ſe détourne, en entrant
obliquement dans ce corps. Je déſigne
ce rapport des ſinus d'incidence & de
réfraction, par les lettres e & f; &
nommant m & n les deux diſtances
AN & AP, il eſt clair par les choſes
que nous avons dites dans la premiere Section, que le foyer virtuel a ſera
en deçà du corps lumineux A de la

quantité $Aa = \dfrac{e-f}{e} \times \overline{n-m}$; & ſi on

ôte cette quantité de $AP = n$, on trouvera que

$$aP = n\ \dfrac{-e+f}{e} \times \overline{n-m} = \dfrac{\overline{e-f} \times m + fn}{e}.$$

Je nomme ensuite g la soutangente de la logarithmique des tables des logarithmes, & h la soutangente de la logarithmique VQ qui appartient au corps transparent OX, & qui détermine sa transparence. La soutangente g est de 4342945 parties, comme nous l'avons déja dit plusieurs fois ; & on trouvera toujours aisément la soutangente h de la logarithmique OX. Je nomme enfin p la force qu'a la lumiere du flambeau A, lorsqu'elle entre en N dans le corps transparent OX & q la force qu'elle a en sortant en P. Si nous multiplions ensuite p par le quarré m^2 de la distance AN au flambeau A, & q par le quarré

$$\frac{\overline{e - f \times m + fn}^2}{e^2}$$

de la distance aP au foyer virtuel a, d'où il semble que sortent les rayons du flambeau, après qu'ils ont traversé le corps transparent;

il viendra pm^2 & $q \times \dfrac{\overline{e - f \times m + fn}^2}{e^2}$

pour la valeur des deux ordonnées NV & PO de la logarithmique VQ & prenant ensuite la lettre L pour désigner les logarithmes des grandeurs,

nous

nous pourrons faire cette analogie; la

différence $Lpm^2 - Lq \times \dfrac{\overline{e - f \times m + fn}^2}{e^2}$

des logarithmes de deux ordonnées NV & PQ est à la partie NP de l'axe de la logarithmique VQ, ou à l'épaisseur NP $= n - m$ du corps transparent OX, comme la soutangente g de la logarithmique des tables sera à la soutangente h de la logarithmique du corps transparent. Cette analogie nous donnera l'équation $h \times Lpm^2 -$

$h + Lq \times \dfrac{\overline{e - f \times m + fn}^2}{e^2} = gn - gm$, ou

$Lpm^2 - Lq \times \dfrac{\overline{e - f \times m + fn}^2}{e^2} = \dfrac{g}{h} \times \overline{n - m}:$

Et si nous faisons attention, que par une proprieté particuliere aux logarithmes, $Lpm^2 = Lp + Lm^2 = Lp + 2Lm$,

& que $Lq \times \dfrac{\overline{e - f \times m + fn}^2}{e^2} = Lq +$

$L\dfrac{\overline{e - f \times m + fn}^2}{e^2} = Lq + 2L\dfrac{\overline{e - f \times m + fn}}{e}$,

nous changerons l'équation $Lpm^2 -$

$Lq \times \dfrac{\overline{e - f \times m + fn}^2}{e^2} = \dfrac{g}{h} \times \overline{n - m}$, en

I

$$L p + 2Lm - Lq - 2L\frac{\overline{e - f} \times m + fn}{e} =$$

$$\frac{g}{h} \times \overline{n - m}, \text{ qui se reduit à } L\frac{p}{q} -$$

$$2L\frac{\overline{e - f} \times m + fn}{em} = \frac{g}{h} \times \overline{n - m}. \text{ Or}$$

comme cette équation exprime d'une maniere générale la relation qu'ont entr'elles les differentes forces p & q de la lumiere, & les differentes distances m & n ; nous n'avons qu'à la résoudre, en traitant successivement les differentes lettres qui la composent, comme inconnuës ; & de cette sorte nous resoudrons toutes les questions qu'on peut proposer sur la force de la lumiere reçûë à deux diverses distances du corps lumineux.

R E S O L U T I O N S.

I.

Connoissant les distances m *&* n *au corps lumineux, trouver le rapport* $\frac{p}{q}$ *de forces* p *&* q *de la lumiere.*

L'ÉQUATION $L\frac{p}{q} - 2L\frac{\overline{e - f} \times m + fn}{em} =$

$\frac{g}{h} \times \overline{n - m}$ nous fournit cette autre

$$L\frac{p}{q} = \frac{g}{h} \times \overline{n - m} + 2L\frac{\overline{e - f} \times m + fn}{em},$$

par le moyen de laquelle il eſt facile de découvrir le rapport $\frac{p}{q}$ qu'on demande, pourvû qu'on ait toujours, comme nous le ſuppoſons, une table des logarithmes. Il n'y a qu'à ajouter le double du logarithme de $\frac{\overline{e - f} \times m + fn}{em}$ avec $\frac{g}{h} \times \overline{n - m}$; on aura le logarithme de $\frac{p}{q}$; & cherchant ce logarithme dans la table, on verra vis-à-vis, combien de fois la lumiere qu'on reçoit en N, eſt plus forte que celle qu'on peut recevoir en P.

Si OX eſt, par exemple, une maſſe d'eau de mer, on pourra mettre les nombres 4 & 3, à la place des lettres e & f; parce que le ſinus de l'angle d'incidence eſt au ſinus de l'angle de réfraction, à peu près comme 4 eſt à 3, lorſque la lumiere entre dans l'eau. On aura donc $L\frac{p}{q} = \frac{g}{h} \times \overline{n - m} + 2L\frac{m + 3n}{4m}$; &

si on met 4342945 à la place de g, &
112 pouces à la place de h, il viendra

$$L\frac{p}{q} = \frac{4342945}{112} \times \overline{n-m} + 2L\frac{m+3n}{4m},$$

dans laquelle il ne reste plus qu'à introduire la valeur des distances AN,
& AP, pour avoir le logarithme du

rapport $\frac{p}{q}$ des forces qu'a la lumiere en

N & en P, à son entrée dans la masse d'eau & à sa sortie.

Si d'un autre côté la lumiere traverse le corps transparent sans souffrir
de réfraction ; ce qui doit arriver lorsque le corps transparent environne
tout le corps lumineux , ou lorsqu'il
est renfermé lui-même entre deux surfaces sphériques OS, TX qui ont le
corps lumineux pour centre : On peut
regarder les lettres e & f comme égales , la distance Aa deviendra nulle , &

au lieu de la formule $L\frac{p}{q} = \frac{g}{q} \times \overline{n-m} +$

$$2L\frac{\overline{e-f} \times m + fn}{em} ,$$ il viendra cette

autre, $L\frac{q}{p} = \frac{g}{h} \times \overline{n-m} + 2L\frac{n}{m}$, qui est

beaucoup plus simple , & qui peut cependant encore servir dans un très-

grand nombre de cas. Il n'y a, par
exemple, qu'à mettre 4342945 &
18818 toises à la place de *g* & de *h*, pour
déterminer cette formule à marquer le
rapport des forces *p* & *q* qu'a la lumiere d'un flambeau, lorsqu'on la reçoit
à toutes sortes de distances *m* & *n* du
corps lumineux, & qu'elle ne traverse que l'air grossier.

I I.

*Trouver à quelles distances (m & n) il
faut se mettre du corps lumineux, pour
que ces deux distances soient dans un
certain rapport donné (de b à c) & pour
que les forces de la lumiere soient aussi
dans un rapport donné (de p à q.)*

DE l'équation $L\frac{p}{q} - 2L^{\overline{\frac{\overline{e-f}\times m + fn}{em}}} =$

$\frac{g}{h}\times\overline{n-m}$ nous déduisons cette autre

$$n-m = \frac{h}{g}\times L\frac{p}{q} - \frac{2h}{g}L^{\frac{\overline{e-f}\times m + n}{em}}, \text{ ou}$$

$$n-m = \frac{h}{g}L\frac{p}{q} - \frac{2h}{g}L^{\frac{\overline{e-f}}{e} + \frac{fn}{me}}, \text{ qui}$$

marque en grandeurs entierement connuës, la difference *n — m* des deux dif-

tances au corps lumineux. Car le terme $\frac{2b}{g} \mathrm{L} \overline{\frac{e-f}{e} + \frac{fn}{em}}$ ne suppose pas qu'on connoisse les distances m & n, mais qu'on connoisse seulement leur rapport $\frac{n}{m}$: Et si on veut representer ce rapport par $\frac{c}{b}$, nous aurons $n - m =$ $\frac{h}{g} \mathrm{L} \frac{p}{q} - \frac{2h}{g} \times \mathrm{L} \overline{\frac{e-f}{e} + \frac{fc}{eb}}$. Or, lorsqu'on aura découvert, par le moyen de cette formule, la difference $n-m$, la question sera reduite à trouver deux nombres dont on connoît la difference $n - m$, & le rapport $\frac{c}{b}$. Ainsi nous n'aurons qu'à faire cette analogie ; $c-b$ est à $n-m$, comme b est à m, & comme c est à n.

Si nous appliquons ceci à un flambeau dont la lumiere se répand dans l'air d'ici bas, la formule générale $n - m = \frac{h}{g} \mathrm{L} \frac{p}{q} - \frac{2h}{g} \mathrm{L} \overline{\frac{e-f}{e} + \frac{fc}{eb}}$ deviendra $n - m = \frac{18818}{4,42945} \times \mathrm{L} \frac{p}{q} -$

$\frac{37636}{4342945} L \frac{c}{b}$, parce que nous devons

mettre 4342945 & 18818 à la place des
foutangentes g & h , & que les grandeurs e & f font égales, à caufe que
les rayons ne fouffrent point alors de
réfraction. Si on veut enfuite que la
lumiere foit 10 fois plus foible, quoiqu'on ne fe mette qu'à deux fois plus
de diftance du flambeau; il n'y aura
qu'à fubftituer les nombres 10 & 1 à
la place des lettres p & q ; & 2 & 1
à la place de c & de b , & on aura

$$n - m = \frac{18818}{4342945} L \frac{10}{1} - \frac{37636}{4342945} L \frac{2}{1} =$$

$$\frac{18818}{4342945} \times 10000000 - \frac{37636}{4342945} \times 3010300 ;$$

ce qui nous apprend que la difference $n - m$ des deux diftances n & m doit
être d'environ 17243 toifes. Il ne reftera plus après cela , qu'à faire ces deux
proportions ; $c - b = 1$ eft à $n - m =$
17243 toifes, comme $b = 1$ eft à m , &
comme $c = 2$ eft à n ; & on verra que
les deux diftances m & n qui fatisfont
à la queftion font de 17243 toifes &
de 34486. C'eft-à-dire , qu'il faut s'é-
loigner du flambeau de 17243 toifes
& de 34486 , pour que les forces de la
lumiere foient dans le rapport de 10
à 1 , pendant que les deux diftances

I iiij

ne font que dans celui de un à deux.

I I I.

Trouver à quelles distances m *&* n *, il faut se mettre d'un corps lumineux, lorsqu'on connoît la difference* n — m *de ces distances, & qu'on veut que les forces* p *&* q *de la lumiere soient dans un rapport donné.*

N**O u s** aurons la formule......

$$L\,\frac{\overline{e-f}\times\overline{m}+fn}{em}=\tfrac{1}{2}L\frac{p}{q}-\frac{g}{2h}\times\overline{n-m}$$

dans laquelle le second membre est entierement connu ; puisque nous connoissons les soutangentes g & h, & le rapport $\frac{p}{q}$ des forces p & q de la lumiere, aussi-bien que la difference $n-m$ des deux distances n & m. Or si nous cherchons dans les logarithmes à quel nombre naturel répond $\tfrac{1}{2}L\frac{p}{q}-\frac{g}{2h}\times\overline{n-m}$, nous trouverons la valeur de $\frac{\overline{e-f}\times m+fn}{em}$; puisque le logarithme de cette grandeur est égal à $\tfrac{1}{2}L\frac{p}{q}-\frac{g}{2h}\times\overline{n-m}$, selon notre formule. Mais connoiſſant

la valeur de $\frac{\overline{e-f}\times m+fn}{em}$ avec celle de

$n-m$, qui eſt donnée, il eſt très-facile de découvrir les diſtances n & m.
Nous n'avons qu'à appeller k la valeur

de $\frac{\overline{e-f}\times m+fn}{em}$, & i celle de $n-m$;

nous aurons les deux équations

$k=\frac{\overline{e-f}\times m+fn}{em}$, & $i=n-m$, qui

nous fourniront deux differentes ex-
preſſions de n; ſçavoir $n=\frac{\overline{ek-e+f}\times m}{f}$,

& $n=i+m$; & ſi nous comparons
enſemble ces expreſſions, il viendra

$\frac{\overline{ek-e+f}\times m}{f}=i+m$, dans laquelle

on trouve que $m=\frac{fi}{ek-e}$; & l'autre diſtance n ſera par conſequent égale à

$\frac{fi}{ek-e}+i$.

Ainſi, lorſque nous connoîtrons la
difference $n-m$ des deux diſtances AN
& AP; ou lorſque nous connoîtrons

l'épaisseur NP d'un corps transparent OTXS, & que nous voudrons sçavoir à quelle distance du corps lumineux il faut le placer, pour que les forces de la lumiere, à son entrée en N & à sa sortie en P, soient dans le rapport de p à q, nous n'aurons conformément à la formule, qu'à chercher dans la table des logarithmes, le nombre dont

$$\tfrac{1}{2}L\tfrac{p}{q} - \tfrac{g}{2h} \times \overline{n - m}, \text{ ou } \tfrac{1}{2}Lp - \tfrac{1}{2}Lq -$$

$$\tfrac{g}{2h} \times \overline{n - m}$$ est le logarithme; nous au-

rons de cette sorte la valeur de

$$\frac{\overline{e - f} \times m + fn}{em}$$

: & introduisant cette valeur à la place de k, l'épaisseur $n - m$ du corps transparent à la place de i, & les nombres qui expriment le rapport du sinus d'incidence & du sinus de réfraction, à la place de e & de f; la for-

mule $m = \dfrac{fi}{ek - e}$ nous donnera la distan-

ce requise AN dont le corps transparent OX, doit être éloigné du flambeau A, pour produire l'effet que l'on souhaite.

Proposons-nous, par exemple, de trouver à quelle distance du corps lu-

mineux, il faut situer une masse d'eau
de mer OTXS épaisse d'un pied ou de
12 pouces, pour que la lumiere n'ait à
la sortie de cette masse que la moitié
de la force qu'elle a en y entrant. Alors

$$\tfrac{1}{2} L \frac{p}{q} - \frac{g}{2h} \times \overline{n - m}$$ sera égale à 1272492 ;

c'est ce qu'on trouve en introduisant
à la place de p & de q, les nombres 2
& 1 ; & à la place de g, de h & de $n - m$,
les nombres 4342945 , 112 pouces &
12 pouces. Il ne reste plus après cela
qu'à chercher dans les tables, le nombre dont 1272492 est le logarithme ;
c'est $1\frac{34}{100}$: & substituant ce nombre
à la place de k, 12 pouces à la place
de i, & 4 & 3 à la place de e & de f,

la petite formule  $m = \dfrac{fi}{ek - e}$ nous ap-

prendra qu'il faut mettre la masse d'eau
OTXS , à la distance AN , d'environ
$26\frac{8}{17}$ pouces, du corps lumineux.

I V.

Connoissant la force de la lumiere à une certaine distance du corps lumineux, trouver à quelle autre distance il faut se mettre pour que la lumiere se trouve plus ou moins forte precisément dans un certain rapport.

CE Problême est plus difficile que les précédens ; car au lieu qu'on résoud les autres d'une maniere directe, en se servant simplement des tables des logarithmes ; on ne peut résoudre celui-ci avec le même secours, que par tâtonnement ou par voye de médiation. Cette difference vient de ce que les distances m & n sont non-seulement employées dans l'équation $L\dfrac{p}{q}$

$$-\, 2\,L\,\dfrac{\overline{e-f}\times m+fn}{em}=\dfrac{g}{h}\times\overline{n-m}\,,$$

mais de ce que leurs logarithmes le font aussi : car comme on ne sçait pas, à parler généralement, le rapport qu'a une grandeur avec son logarithme ; cela fait qu'on ne peut pas dégager, par les regles de l'algebre, la distance m ou n, qu'on regarde comme incon-

nuë. Si, par exemple, nous connoiſſons la force p de la lumiere du flambeau A, lorſqu'on la reçoit à la diſtance AN $= m$, & que nous nous propo-
ſions de trouver la diſtance AP $= n$, où
il faut ſe mettre, pour que la grandeur
q exprime la force de la lumiere; nous

aurons la formule $\dfrac{g}{h} n + \mathrm{L} \dfrac{\overline{e - f} \times \overline{m + fn}}{em}$

$= \dfrac{g}{h} m + \mathrm{L} \dfrac{p}{q}$, en faiſant paſſer d'un

des côtez du ſigne d'égalité, les termes où la lettre n ſe trouve : & ſi

nous conſidérons que $2\mathrm{L} \dfrac{\overline{e - f} \times \overline{m + fn}}{em}$

$= 2\mathrm{L} \dfrac{\overline{e - f} \times \overline{m + fn}}{e} - 2\mathrm{L}\, m$, nous aurons

encore $\dfrac{g}{h} n + 2\mathrm{L} \dfrac{\overline{e - f} \times \overline{m + fn}}{e} = \dfrac{g}{h} m +$

$2\mathrm{L}\, m + \mathrm{L} \dfrac{p}{q}$: mais il eſt clair que nous

ne pourrons pas aller plus loin, par la
raiſon que nous avons dite. C'eſt pourquoi il faudra néceſſairement, pour
découvrir la diſtance n, employer ou
le tâtonnement, ou quelques eſpeces
d'approximation.

Ce ſera encore la même choſe, ſi

la lumiere ne souffre point de réfraction , en passant au travers du corps
transparent; car nous aurons la for-

mule $\frac{g}{h} n + 2L\,n = \frac{g}{h} m + 2L\,m + L\frac{p}{q}$,

dans laquelle on ne peut point encore
dégager *n*. Ainsi on fera obligé d'attri-
buer differentes valeurs à la lettre *n*,

jusqu'à ce que $\frac{g}{h} n + 2L\,n$, ou généra-

lement $\frac{g}{h} n + 2L\,\frac{\overline{e - f} \times m + fn}{e}$ foit é-

gal à la grandeur connuë $\frac{g}{h} m + 2L\,m$

$+ L\frac{p}{q}$. Supposons, par exemple , qu'on

reçoive dans l'air libre , la lumiere d'un
flambeau à 1000 toises de distance ,
& qu'on demande à quelle autre distance il faut se mettre , pour que la
lumiere soit quatre fois plus foible. En
substituant 4342945 & 18818 toises à
la place de *g* & de *h* , 1000 à la place
de *m* , & 4 & 1 à la place des lettres *p*
& *q* qui expriment le rapport des lumieres , on trouvera d'abord 66251386

pour la valeur de $\frac{g}{h} m + 2L\,m + L\frac{p}{q}$.

Mais il faudra ensuite supposer *n* de

differentes grandeurs, jufqu'à ce qu'on en rencontre une qui rende $n + 2 \mathrm{L} n$ égal à 66251386. Cette valeur de n fe trouve de 1950 toifes environ 1 pied ; & ainfi c'eft à cette diftance qu'il faudroit fe mettre du flambeau, pour que fa lumiere fût quatre fois plus foible, que lorfqu'on la reçoit à 1000 toifes.

Mais fi nous ne pouvons pas refoudre généralement & d'une maniere finie, par le calcul, l'équation $\frac{g}{h} n +$

$$2\mathrm{L}\,\frac{\overline{e - f} \times \overline{m + fn}}{e} = \frac{g}{h} m + 2\mathrm{L}m + \mathrm{L}\frac{p}{q}\,;$$ nous

pourrons toujours la conftruire aifément, par le moyen d'une figure, en nous fervant de deux lieux convenables, dont l'un doit être naturellement une logarithmique. Pour rendre l'opération plus fimple, je prends une nouvelle inconnuë s, & je fuppofe

$$\mathrm{L}\,\frac{\overline{e - f} \times \overline{m + fn}}{e} = \mathrm{L}s, \text{ ou } \frac{\overline{e - f} \times \overline{m + fn}}{e}$$

$= s$, ce qui me donne $n = \dfrac{\overline{es + f - e} \times m}{f}\,;$

& introduifant cette valeur à la place de n, & $\mathrm{L}s$ à la place de $\mathrm{L}\,\dfrac{\overline{e - f} \times \overline{m + fn}}{e}\,,$

dans notre équation $\frac{g}{h} \times n + \ldots$

$$2L\,\frac{\overline{e - f} \times m + fn}{e} = \frac{g}{h}m - 2Lm + L\frac{p}{q},$$

il vient cette autre , $\dfrac{ges + e \times \overline{f - e} \times m}{hf}$

$$+ 2Ls = \frac{g}{h}m + 2Lm + L\frac{p}{q} \;;\; \text{ou } \frac{ges}{2hf}$$

$$+ Ls = \frac{gem}{2hf} + Lm + \frac{1}{2}L\frac{p}{q} \;,\; \text{qui est}$$

effectivement plus facile à construire.

Fig. 10.   Nous tracerons d'abord sur l'axe BA la logarithmique KHG, pour représenter celle dont la table des logarithmes peut être censée déduite : mais il n'importe de quelle grandeur soit la soutangente g, puisque toutes les logarithmiques ont la même proprieté par rapport aux logarithmes, & qu'on peut toujours supposer que leur soutangente est de 4342945 parties. Si nous prenons ensuite le point A pour l'origine des abscisses & que nous fassions l'espace A I égal au second membre $\frac{gem}{2hf} + Lm + \frac{1}{2}L\frac{p}{q}$ de notre équation, lequel est entierement connu ; nous n'aurons qu'à tirer du point I, la ligne

droite

droite IO, de maniere que IM foit à la
perpendiculaire MN dans le rapport de
ge à $2hf$; & du point d'interſection K
de cette ligne droite & de la logarithmique, abaiſſant l'ordonnée KV perpendiculairement ſur l'axe AB, cette
ordonnée ſera la valeur de s. Car AV
ſera égal à Ls à cauſe de la logarith-

mique GHK ; & IV égale à $\frac{ges}{2hf}$, à

cauſe de l'analogie, $2hf \mid ge \parallel$ MN $\mid$

IM $\parallel$ VK $= s \mid$ IV $= \frac{ge}{2hf} \times s$: Et ainſi

$\frac{ge}{2hf} \times s +$ Ls eſt egale à AV + VI ou

à AI, qui a été déja faite égale à

$\frac{gem}{2hf} +$ L$m + \frac{1}{2}$L$\frac{p}{q}$; & nous aurons

par conſequent notre équation $\frac{ge}{2hf} \times s$

$+$ L$s = \frac{gem}{2hf} +$ L$m + \frac{1}{2}$L$\frac{p}{q}$. La valeur

VK de s étant ainſi trouvée, il ne reſtera plus qu'à l'introduire dans l'équa-

tion $n = \frac{es + \overline{f - e} \times m}{f}$; & on aura la

diſtance n qu'on ſe propoſoit de découvrir.

K

Il ne sera peut-être pas inutile de dire ici comment on pourra faire aisément l'espace IA égal à $\frac{ge}{2hf} \times m + \mathrm{L}m$

$+ \frac{1}{2} \mathrm{L}\frac{p}{q}$. Nous prendrons d'abord l'ordonnée DC égale à m, qui est la distance à laquelle on est du corps lumineux, lorsqu'il éclaire avec la force p ; nous prolongerons l'ordonnée DC vers Q, de maniere que $DQ = 2hf$, & du point Q, nous tirerons $QR = ge$ parallelement à l'axe AR, & nous menerons la ligne droite DR. Il est déja évident que SA sera égale à $\frac{ge}{2hf} \times m$

$+ \mathrm{L}m$: car SC sera égale à $\frac{ge}{2hf} \times m$, à cause de la proportion, $DQ = 2hf \mid OR = ge \parallel DC = m \mid SC$, & d'un autre côté CA est égal à $\mathrm{L}m$, à cause de la logarithmique KHG. Après cela, nous prendrons les deux ordonnées HE & GF égales à p & à q, qui expriment le rapport qu'on veut qu'il y ait entre les forces de la lumiere reçûë, aux deux distances m & n ; & comme nous aurons $EA = \mathrm{L}p$ & $FA = \mathrm{L}q$, il est clair que la partie EF de

l'axe interceptée entre les deux ordonnées HE & GF , fera égale à $Lp - Lq$

$= L\frac{p}{q}$, & qu'ainsi la moitié de EF

fera égale à $\frac{1}{2}L\frac{p}{q}$. D'où il fuit qu'il n'y

aura toujours qu'à porter cette moitié
de EF depuis S jufqu'en I , pour faire

IA , ou $AS + SI = \frac{ge}{2hf} \times m + Lm + \frac{1}{2}L\frac{p}{q}$,

& pour déterminer le point I d'où la
ligne IO doit partir. On peut remarquer encore qu'il n'y a qu'à tirer cette ligne IO parallelement à RD ; parce que DC eft à SC, comme $2hf$ eft
à ge, & que KV doit être auffi à IV
dans le même rapport : Ce qui montre
que les triangles SDC & KIV font
femblables, & que les angles DSC &
KIV font égaux.

Enfin, fi nous fuppofons que la
lumiere ne fouffre point de réfraction,
en traverfant le corps tranfparent , de
même qu'elle n'en fouffre point lorfqu'elle ne traverfe que l'air libre , les
grandeurs e & f feront égales, & s que

nous avons fuppofée égale à $\frac{\overline{e - f} \times m + fn}{e}$

fe trouvera alors égale à n. D'où il fuit

K ij

que lorsqu'on a trouvé l'ordonnée KV $= s$, on a dans ce cas, la distance à laquelle il faut se mettre du corps lumineux, pour que q exprime la force de sa lumiere. Et si nous supposons de plus que la logarithmique KHG est celle qui appartient au corps diaphane, & qui détermine sa transparence ; les soutangentes g & h feront égales ; & DQ, qui est en général à QR, comme $2hf$ est à ge, sera ici double de QR, & par conséquent DC sera aussi double de SC, de même que KV de IV. Ainsi pour trouver dans le cas dont nous parlons, une infinité de distances m & n, telles que les forces de la lumiere soient dans le rapport donné de p à q, ou de HE à GF ; il n'y a qu'à porter en quel endroit on voudra de l'axe BA de la logarithmique KHG,

la moitié de EF ou de L $\frac{p}{q}$: Et si des

points I & S, ou i & f, &c. qui font éloignez l'un de l'autre de la moitié de EF, on tire les lignes parallèles SD & IO ou fd & io, de maniere que la perpendiculaire MN ou mn soit double de IM ou de im ; & qu'ayant pris des points D & K ou d & k, dans lesquels les parallèles SD & IO, &c. coupent la

logarithmique, l'on abaiffe les ordonnées DC & KV , ou *dc* & *kv* ; ces ordonnées feront les diftances *m* & *n* aufquelles il faudra fe mettre du corps lumineux , pour que les forces de la lumiere foient dans le rapport prefcrit
de *p* à *q*. On voit auffi qu'il ne fera
pas difficile de trouver l'une de ces diftances , auffi-tôt qu'on connoîtra l'autre.

PROPOSITION II.

Deux corps lumineux A & B *étant fituez* Fig. 11.
à une certaine diftance l'un de l'autre, 12. &
dans un milieu par tout également tranf- 13.
parent ; trouver le rapport qu'il y a entre
leurs lumieres , lorfqu'on les reçoit dans
les points donnez E, e, &c. *Et trouver au*
contraire dans quels point E, e, &c. *il faut*
recevoir ces lumieres, lorfqu'on veut qu'il y
ait entr'elles une certaine relation donnée.

PRÉPARATION.

JE défigne par *a* & *b* les forces abfoluës de la lumiere des deux corps
lumineux A & B , & par *p* & *u* la force avec laquelle ils éclairent dans un
point comme E qui eft éloigné de la
diftance AE $= m$ du premier corps lu-

mineux A , & de la distance BE $= z$ du second B.

Puisque les forces absolües des deux flambeaux A & B , sont dans le rapport de a à b ; leurs lumieres, si on les recevoit à la même distance , seroient toujours dans le même rapport : car elles souffriroient une semblable diminution tant par le défaut de transparence du milieu, que par la divergence des rayons. Si, par exemple , une des deux lumieres diminuoit de moitié dans une certaine distance , l'autre lumiere diminueroit aussi de moitié , & elles seroient par consequent toujours l'une à l'autre dans le même rapport de a à b. Ainsi si on retranche sur la ligne BE l'espace BM égal à AE , & si on fait attention que nous avons nommé p la force de la lumiere du flambeau A , lorsqu'on la reçoit à la distance AE $= m$; nous aurons $\frac{bp}{a}$ pour la lumiere de l'autre flambeau B, lorsqu'on la reçoit en M à la même distance. Or comme c'est cette lumiere , dont la force est exprimée en M par $\frac{bp}{a}$ laquelle parvient en E & n'a en ce dernier point que la force u ; nous pourrons conformément à ce que nous avons établi ci - devant & à ce

que nous avons fait dans la propofition précédente, multiplier les deux for-

ces $\frac{bp}{a}$ & u de la lumiere du flambeau

B par les quarrez des deux diftances
BM $= m$ & BE $= z$; & nous aurons

$\frac{bpm^2}{a}$, & uz^2 pour les deux ordonnées

de la logarithmique qui marque les
quantitez totales de la lumiere qui parvient à diverfes diftances du flambeau
B : Et fi nous fuppofons qu'on prenne
les logarithmes de ces deux ordonnées
dans les tables ordinaires des logarithmes, & qu'on retranche le plus petit
du plus grand, nous aurons cette pro-

portion ; la difference $L \frac{bpm^2}{a} - L\, uz^2$

des logarithmes des deux ordonnées

$\frac{bpm^2}{a}$ & uz^2, eft à ME $=$ BE $-$ BM $= z - m$,

qui eft l'intervale compris entre les ordonnées, comme la foutangente g de
la logarithmique des tables eft à la foutangente h de la logarithmique qui appartient au milieu tranfparent dans lequel font les deux flambeaux. Cet-

te proportion nous donnera $hL \frac{bpm^2}{a}$

$$- h\,\mathrm{L}\,uz^2 = gz - gm \text{ ou } \mathrm{L}\frac{bpm^2}{a} - \mathrm{L}uz^2$$

$$= \frac{g}{h}z - \frac{g}{h}m \text{, qui se reduit à cause des}$$

proprietez des logarithmes à $\mathrm{L}\dfrac{b}{a} + \mathrm{L}p$

$$+ 2\mathrm{L}\,m - \mathrm{L}u - 2\mathrm{L}z = \frac{g}{h}z - \frac{g}{h}m.$$

R E S O L U T I O N S.

I.

Trouver le rapport des lumieres, lorsqu'on connoît celui des distances.

L'É Q U A T I O N précédente est gé-nerale ; elle peut nous servir éga-lement à trouver le rapport des deux lumieres p & u, lorsqu'on connoît les deux distances AE & BE , & à trou-ver le rapport de ces distances , lors-qu'on connoît celui des lumieres. Pour le premier cas , dans lequel on connoît les deux distances m & z, nous aurons,

par la transposition , $\mathrm{L}p - \mathrm{L}u = \dfrac{g}{h}z$

$$+ 2\mathrm{L}z - \frac{g}{h}m - 2\mathrm{L}m - \mathrm{L}\frac{b}{a} \text{, \& com-}$$

me

me $Lp - Lu$ est par la nature des loga-

rithmes égal à $L\frac{p}{u}$, il nous viendra l'é-

quation $L\frac{p}{u} = \frac{g}{b}z + 2Lz - \frac{g}{b}m - 2Lm$

$-L\frac{b}{a}$ qui exprime dans le cas present,

en grandeurs entierement connuës, le logarithme du rapport requis des deux lumieres p & u. Si, par exemple, tous les points E sont sur une hyperbole qui a les deux corps lumineux pour foyers; on sçait que c'est une des principales propriétez de cette ligne courbe que toutes les distances $BE = z$ surpassent les distances $AE = m$ d'une quantité constante. La même chose arrivera aussi, si tous les points E sont sur le prolongement même de la ligne droite BA, qui passe par les deux corps lu-mineux comme dans la figure 12. Cet-te propriété est commune à la ligne droite & à l'hyperbole ; parce que cette ligne courbe dégénere en li-gne droite, lorsque son axe détermi-né est égal à la distance de ses deux foyers. Or si nous nommons e l'excès constant des distances BE sur les dis-tances AE, nous aurons dans tous les points E, $e + m$, pour la valeur de z,

Fig. 11. & 12.

L

& si nous introduisons cette valeur dans notre équation générale $L\frac{p}{u} = \frac{g}{b}z + 2Lz - \frac{g}{b}m - 2Lm - L\frac{b}{a}$, il nous viendra $L\frac{p}{u} = \frac{g}{b} \times \overline{e + m} + 2L\overline{e + m} - \frac{g}{b} \times m - 2Lm - L\frac{b}{a}$, qui se réduit à $L\frac{p}{u} = \frac{g}{b} \times e + 2L\frac{e+m}{m} - L\frac{b}{a}$. Mais cette équation peut encore se réduire, parce que le terme $\frac{g}{b}e$ étant constant & connu, nous pouvons le supposer égal au logarithme d'une grandeur f; & il nous viendra $L\frac{p}{u} = Lf + 2L\frac{e+m}{m} - L\frac{b}{a}$ qui se réduit à $L\frac{p}{u} = L\frac{fa}{b} \times \frac{\overline{e+m}}{m^2}$, & enfin à la formule $\frac{p}{u} = \frac{fa}{b} \times \frac{\overline{e+m}^2}{m^2}$, ou à $\frac{p}{u} = \frac{fa}{b} \times \frac{\overline{BE^2}}{AE^2}$.

Ainsi , lorsqu'on reçoit la lumiere de deux corps lumineux A & B, & qu'on est situé en E ou en e sur le

Fig. 12.

prolongement de la ligne droite BA Fig. 11.
qui paſſe par ces corps , ou qu'on eſt & 12.
ſur une hyperbole C E *e* , qui a ces
deux corps pour foyers , on voit que
le rapport des deux lumieres *p* & *u* eſt
exprimé d'une maniere très-ſimple &
ſans mélange d'aucun logarithme. Nous
ajouterons qu'il ſuffit même de déterminer une fois , par quelque experience , le rapport des deux lumieres en
quelque point E , pour avoir aiſément

la valeur de $\frac{af}{b}$, qui ſervira enſuite à

trouver , par le calcul , le rapport des
deux lumieres à toutes les autres diſtances.

I I.

Trouver le rapport des diſtances , lorſqu'on
connoît la relation des lumieres.

S Uppoſons maintenant que c'eſt le Fig. 11.
rapport ou la relation des 2 lumieres & 13.
p & *u* qui eſt donnée, & qu'il s'agiſſe de
trouver le rapport des diſtances *m* & *z*,
ou de déterminer tous les points E, *e*, &c.
de la courbe CE *e* , dans leſquels les
deux lumieres ont entr'elles la relation
preſcrite. Nous réduirons d'abord ,

par la transposition, l'équation générale, $L\frac{b}{a} + Lp + 2Lm - Lu - 2Lz =$

$\frac{g}{b}z - \frac{g}{b}m$, à $\frac{g}{b}z + 2Lz = \frac{g}{b}m + 2Lm$

$+ L\frac{b}{a} + Lp - Lu$. Si nous introduisons ensuite dans cette équation la valeur de u exprimée en p, que nous dé-
duirons de l'équation particuliere qui
marque la relation qu'on veut qui se
trouve entre les deux lumieres, nous
n'aurons qu'à regarder la distance AE
$= m$, comme connuë, de même que
la force p qu'a en E la lumiere du flambeau A; & resolvant l'équation en traitant z comme inconnuë, nous trouverons la distance BE du point E au
flambeau B. Il n'y aura après cela qu'à
décrire des points A & B comme centres, des arcs de cercle, qui ayent les
valeurs m & z pour semidiametres ;
ces arcs détermineront par leur inter-
section le point E qu'on vouloit découvrir : Et si on fait la même chose
pour toutes les autres distances BE$= m$,
on trouvera tous les autres points E
qui forment la ligne courbe CEe. Nous
allons appliquer cette méthode à l'e-
xemple suivant.

Déterminer tous les points E , *e ,* &c. *ou les forces (* p & u *) de la lumiere des deux corps lumineux* A & B , *en sorte qu'ils soient dans un rapport constant (de* c *à* e.)

Fig. 11.
& 13.

P U I S Q U E les forces *p* & *u* des lumieres des deux flambeaux doivent être dans le rapport de *c* à *e* , nous aurons $\frac{ep}{c}$, pour la valeur de *u* ; & l'introduisant dans notre équation générale $\frac{g}{b} z + 2Lz = \frac{g}{b} m + 2Lm + L\frac{b}{a}$ $+ Lp - Lu$, il nous viendra $\frac{g}{b} z +$ $2Lz = \frac{g}{b} m + 2Lm + L\frac{b}{a} + Lp - L\frac{ep}{c}$, qui ne contient que *z* d'inconnuë & qui se réduit à $\frac{g}{b} z + 2Lz = \frac{g}{b} m + Lm$ $+ L\frac{b}{a} - L\frac{e}{c}$. Je divise de part & d'autre du signe d'égalité par 2 , & je suppose pour une plus grande facilité que la soutangente *g* des tables des logarithmes est égale à la soutangente *h* de la logarithmique qui appartient au milieu qui environne nos flambeaux. Il est toujours libre de faire cette supposition, pourvû qu'on ne cherche pas ensuite les logarithmes dans la table ordinaire ; mais qu'on ne les cherche que sur la logarithmique même dont h est la soutangente. Nous aurons donc

$$\tfrac{1}{2}z + Lz = \tfrac{1}{2}m + Lm + L\frac{b}{a} - \tfrac{1}{2}L\frac{e}{c},$$

& il ne nous reste plus qu'à construire cette équation ; ce que nous pouvons faire en suivant la même méthode que nous avons mis en usage dans l'article IV. de la premiere proposition. Nous tracerons sur l'axe AB la logarithmique HDK dont h soit la soutangente, & nous tirerons l'ordonnée DC égale à m ou à la distance AE de la figure II. Prenant ensuite le point A pour l'origine des logarithmes, l'espace CA sera le logarithme de m, & si nous faisons

$$CS = \tfrac{1}{2}m \ \& \ SI = \tfrac{1}{2}L\frac{b}{a} - \tfrac{1}{2}L\frac{e}{c},\ \text{il est}$$

sensible que IA qui sera composé de

$$IS = \tfrac{1}{2}L\frac{b}{a} - \tfrac{1}{2}L\frac{e}{c},\ \text{de}\ SC = \tfrac{1}{2}m\ \&$$

de CA $= Lm$, sera égal à $\tfrac{1}{2}m + Lm +$

$$\tfrac{1}{2}L\frac{b}{a} - \tfrac{1}{2}L\frac{e}{c},\ \text{qui est le second mem-}$$

Fig. 10.

bre de notre équation. Ainsi nous
n'avons qu'à mener du point I la ligne
IK parallelement à SD , & du point K
abaissant l'ordonnée KV , cette ordonnée sera la valeur requise de z. Car VA
sera le logarithme de z ; & il est clair
qu'à cause des paralleles IK & SD l'espace IV sera la moitié de VK, ou sera
égal à $\frac{1}{2} z$, de même que SC est la moitié de DC : D'où il suit que IA que
nous avons fait égal à $\frac{1}{2} m + Lm +$
$\frac{1}{2} L \frac{b}{a} - \frac{1}{2} L \frac{e}{c}$ sera aussi égal à $\frac{1}{2} z + Lz$;
& que nous aurons $\frac{1}{2} z + Lz = \frac{1}{2} m +$
$Lm + \frac{1}{2} L \frac{b}{a} - \frac{1}{2} L \frac{e}{c}$. Enfin pour trou-

ver autant d'autres valeurs que nous le
souhaiterons de m & de z, nous n'aurons toujours qu'à prendre sur l'axe AB
des points comme i & f éloignez l'un

de l'autre de la quantité $\frac{1}{2} L \frac{b}{a} - \frac{1}{2} L \frac{e}{c}$;

nous tirerons de ces points f & i des lignes
fd & ik paralleles à SD, ou de maniere que
im soit la moitié de la perpendiculaire
mn ; & abaissant ensuite des points d &
k les deux ordonnées dc & kv, la seconde sera la valeur de z, pendant que

L iiij

la premiere fera celle de *m*. C'eft pourquoi il n'y aura plus dans la figure 11.
qu'à décrire, comme nous l'avons dit,
des points A & B comme centres, des
arcs de cercle qui ayent ces valeurs de
m & de *z* pour rayons, & on trouvera
par leur interfection une infinité de
points E où la lumiere du flambeau A
fera à celle du flambeau B, dans le rapport conftant de *c* à *e*, comme on fe
propofoit de le faire.

Si on veut que les deux lumieres
paroiffent toujours égales, il faudra
fuppofer $c = e$, & la fraction $\frac{e}{c}$ deve-
nant, par cette fuppofition, égale à l'u-
nité, fon logarithme $L\frac{e}{c}$ fera égal à
zéro, & l'intervale $\frac{1}{2}L\frac{b}{a} - \frac{1}{2}L\frac{e}{c}$ qui
doit être entre les points *i* & *f* ou I
& S, fe réduira à $\frac{1}{2}L\frac{b}{a}$. C'eft-à-dire

Fig. 10. donc que pour déterminer alors les intervales *if* ou IS, il n'y aura qu'à prendre deux ordonnées HE & GF pour
reprefenter les forces abfoluës *b* & *a*
des deux flambeaux; & on fera *if* ou
IS, &c. égal à la moitié de l'efpace

EF qui est intercepté entre ces ordonnées & qui est égal à $Lb - La = L\frac{b}{a}$.

On peut remarquer aussi que plus
les valeurs *cd* & *vk* de *m* & de *z* font
grandes , plus l'excès de *z* fur *m* est
grand : excès qui doit néanmoins avoir
un terme de grandeur , puisque les paralleles comme *sd* & *ik* font toujours
à une égale distance, l'une de l'autre.
Il est en effet assez évident , que cet
excès ne peut devenir que double de

if ou qu'égal à $EF = L\frac{b}{a}$; & que ce

n'est encore qu'à une distance infinie , ou que lorsque la logarithmique
s'éloigne tout - à-fait perpendiculairement de fon axe. On voit , par exemple , que *vk* ne furpasse pas ici *cd* d'une
si grande quantité , parce que la logarithmique ne s'éloigne qu'obliquement
de fon axe ; mais si elle s'en éloignoit
perpendiculairement , *vk* furpasseroit
alors *cd* de toute la distance qu'il y a
entre les parallèles *sd* & *ik* felon le fens
perpendiculaire à l'axe ; & cette dif-

tance est double de *if* ou égale à $L\frac{b}{a}$;

à cause de la situation des deux paralleles. Cela suppofé, il eſt facile de diſtinguer les differentes courbures que doivent prendre les lignes CEe des figures 11. & 13. ſelon que les deux corps lumineux ſont plus ou moins é-loignez l'un de l'autre. Si les deux flambeaux A & B ſont très-voiſins & que

leur diſtance ſoit plus petite que L$\frac{b}{a}$,

l'excès de z ſur m, en augmentant de plus en plus, deviendra bien-tôt égal à cette diſtance BA : & il eſt évident que lorſqu'on fera alors convenir enſemble les valeurs de $z =$ BE & de $m =$ AE, pour trouver quelque point E de la courbe CEe, on trouvera le point c qui ſera comme dans la figure 13. ſur le prolongement de la ligne BA. Il eſt clair auſſi que notre ligne courbe fini-ra en cet endroit. Car toutes les au-tres valeurs de z & de m qui ſeront plus grandes, & dont la difference ſurpaſ-ſera BA, ne pourront point convenir enſemble, ou ne ſeront pas propres à former avec AB des triangles AEB : & elles ne pourront ſervir que pour quel-que autre ſituation des deux flambeaux. La figure 13. nous repreſente la courbe CEe dans ce premier cas. Mais ſi on éloigne les deux flambeaux un peu plus l'un de l'autre , & que leur diſtan-

ce ſoit égale à L $\frac{b}{a}$, ou préciſément

double de l'intervale marqué par *iſ* ou
IS dans la figure 10 , l'excès de z ſur *m*
ne deviendra alors égal à la diſtance
BA des deux flambeaux, que lorſque z
& *m* ſeront infinies ; & ainſi la courbe
CE*e* ne rencontrera la ligne droite BA*c*
qu'à une diſtance infinie , & elle aura
alors par conſéquent cette ligne droite pour aſymptote. C'eſt là un ſecond.
cas. Mais nous en aurons encore un
troiſiéme ; ſi la diſtance BA des flam-

beaux eſt plus grande que L $\frac{b}{a}$, ou plus

grande que le double de l'intervale *iſ*
ou IS de la figure 10. Car l'excès de z
ſur *m* ſera alors toujours plus petit que
BA:D'où il ſuit qu'on pourra toujours
faire convenir enſemble toutes les valeurs de z =BE & de *m* =AE pour déterminer de nouveaux points E de la
courbe CE*e* & que par conſéquent
les branches de cette courbe iront continuellement en s'éloignant de la droite
BA*c*, comme dans la figure 11. & à peu-
près de la même maniére qu'une hyperbole s'éloigne de ſon axe. La com-
paraiſon de l'hyperbole convient ici

naturellement : car notre courbe en devient effectivement une, lorſqu'à une diſtance infinie des deux flambeaux , l'excès de z ſur m eſt parvenu à ſon terme de grandeur $L\frac{b}{a}$, & qu'il ne chan-

ge plus. C'eſt ce qui eſt évident aux Lecteurs qui connoiſſent la nature de l'hyperbole & qui ſçavent, que ſi on prend la diſtance de chaque point de cette ligne courbe à l'un & à l'autre de ſes foyers, une de ces diſtances ſur-paſſe toujours l'autre d'une quantité conſtante. De ce que notre ligne CEe ſe confond avec l'hyperbole à une diſ-tance infinie , il s'enſuit qu'elle a dans ce cas l'hyperbole pour aſymptote : & il eſt facile de déterminer cette dernie-re ligne courbe ; car on voit aiſément qu'elle a les deux corps lumineux A & B pour foyers , & que ſon axe déter-

miné doit être égal à $L\frac{b}{a}$.

Enfin nous ferons encore remarquer, avant de terminer cette Section , que la courbe CEe ne ſeroit pas ſuſceptible de toutes ces varietez , ſi les deux flam-beaux A & B étoient dans un milieu parfaitement diaphane , ou ſi la lumie-re ne diminuoit que par la ſeule diver-

gence de ſes rayons. C'eſt ce qui paroîtra évidemment, ſi au lieu d'examiner
l'équation $\frac{1}{2}z + Lz = \frac{1}{2}m + Lm + \frac{1}{2}L\frac{b}{a} - \frac{1}{2}L\frac{e}{c}$, nous examinons celle
dont elle eſt déduite $\frac{g}{b}z + 2Lz = \frac{g}{b}m + 2Lm + L\frac{b}{a} - L\frac{e}{c}$, afin de pouvoir chercher, dans la logarithmique
dont g eſt la ſoutangente, les logarithmes dont nous avons beſoin, & de
pouvoir conſiderer en même-tems dans
ſon état naturel, l'autre logarithmique, qui appartient au corps diaphane & qui a b pour ſoutangente. Cette
derniere logarithmique doit avoir dans
le cas dont il s'agit, ſa ſoutangente b
infinie; car les ſoutangentes ſont proportionnelles, comme nous l'avons vû
aux tranſparences ſpécifiques des
corps; & puiſque le milieu qui environne nos flambeaux eſt infiniment tranſparent, ou ne cauſe pas la moindre
alteration à la lumiere, ſa ſoutangente
b doit être infiniment longue. Il ſuit
de là que les termes $\frac{g}{b}z$ & $\frac{g}{b}m$ de notre équation, doivent s'évanoüir; &
ainſi cette équation ſe réduira à $2Lz =$

$2Lm + L\frac{b}{a} - L\frac{e}{c}$, qui se réduit elle-

même à $2L\frac{z}{m} = L\frac{bc}{ae}$ & à $L\frac{z^2}{m^2} = L\frac{bc}{ae}$,

& enfin à $\frac{z^2}{m^2} = \frac{bc}{ac}$ & à $\frac{z}{m} = V\overline{\frac{bc}{ae}}$. Ce-

la nous fait voir que les distances m &
z des points E de notre courbe CEe
aux deux flambeaux A & B , sont ici
toujours l'une à l'autre dans un rapport constant : & si on veut que les
deux lumieres soient égales l'une
à l'autre , nous aurons en particu-

lier $\frac{z}{m} = V\frac{b}{a}$, à cause de l'égalité

de c & de e : Ce qui montre que les distances aux deux flambeaux , doivent
être alors en même raison que les ra-
cines quarrées des forces absoluës de
ces flambeaux. C'est ce qui est aussi très-
facile à vérifier. Car si nous supposons
que le premier éclaire quatre fois plus
que le second , il est sensible que
pour que les deux lumieres paroissent égales , il faudra se mettre deux
fois plus loin du premier ; afin que,
par une distance double , sa lumiere
diminuë quatre fois. Ainsi il n'est plus
question que de connoître la ligne
courbe CEe qui est telle, que les deux

diſtances *m* & *z* de chaque de ſes points
comme E , aux deux points fixes A
& B , ayent toujours entr'elles un rapport conſtant. Mais on peut s'aſſurer
ſans beaucoup de peine , & on peut le
voir auſſi dans le troiſiéme exemple
du huitiéme livre des Sections coniques de feu M. le Marquis de l'Hôpital,
qu'il n'y a que le cercle qui ait cette
propriété.

S E C T I O N   V.

*De la diminution que ſouffre la lumiere en
traverſant les corps qui ne ſont pas par
tout de même denſité.*

I.

NOus allons maintenant examiner la gradation de la lumiere dans
les milieux qui ne ſont pas par tout
de même denſité. Cet examen ne doit
pas être fort difficile , puiſque nous
avons vû que les plus grandes ou les
moindres condenſations produiſent
dans un corps inégalement condenſé ,
préciſément le même effet, quant à la
multitude des rayons interceptez , que
les plus grandes ou les moindres épaiſſeurs, dans un corps par tout également
dense. S'il entre , par exemple ,
deux ou trois fois plus de parties groſ-

Fig. 14

fieres dans la tranche MNPO du corps
transparent ABCD que la lumiere traverse perpendiculairement à AB, il y
aura autant de lumiere interceptée dans
le trajet de cette tranche, que si la lumiere traversoit une épaisseur double
ou triple. Il faut cependant pour cela
que les parties grossieres en s'appro-
chant les unes des autres, ne viennent
pas se toucher ni se réünir plusieurs
en une seule ; car les rayons ne seroient plus ensuite exposez à être détournez ou interrompus , par un si
grand nombre de petites faces , & la
transparence pourroit augmenter, comme nous l'avons expliqué dans la seconde Section. Mais supposé donc que
les petites parties restent toujours dé-
tachées les unes des autres , les plus
grandes condensations causent la même diminution à la lumiere que les plus
grandes épaisseurs : Et ainsi si les espaces BF , FH, HL, (fig. 14) dans un corps
inégalement condensé ABCD sont é-
quivalens aux épaisseurs *bf*, *fh*, *hl*, (fig.
5.) du corps parfaitement homogéne
abcd, ou contiennent la même quantité
de parties grossieres de même figure
& de même solidité ; les ordonnées
RF, SH, TL, &c. de la courbe QVY,
qui marque la gradation de la lumiere

re dans le corps ABCD ou qui lui fert de *gradulucique*, feront parfaitement égales aux ordonnées *rf*, *ſh*, *tl*, &c. de la logarithmique *qvy*, qui repreſentent les forces de la lumiere dans le corps parfaitement homogene *abcd*. De cette forte la *gradulucique* QVY a toujours rapport à la logarithmique, quoiqu'elle n'en foit point une. Il eſt évident qu'elle n'en eſt point une, puiſque fes ordonnées ne font pas à la même diſtance les unes des autres que dans la logarithmique : mais elle y a cependant toujours rapport ; puiſque fes ordonnnées renferment toujours entr'elles, les mêmes maſſes de parties groſſieres.

Il s'enfuit de là, que dans la circonſtance préſente, ce ne font pas les épaiſſeurs BF, FH, HL, &c. qui font proportionnelles aux differences des logarithmes des diverſes quantitez de la lumiere, mais que ce font les maſſes de matiere contenuë dans ces épaiſſeurs. Ainſi nous avons cette analogie générale, *la maſſe de matiere renfermée dans une certaine épaiſſeur* BN *ou* AM *eſt à la difference des logarithmes des deux quantitez de lumiere* AB *&* VN, *comme la maſſe de matiere contenuë dans toute autre épaiſſeur* BC, *eſt à la difference des logarithmes,*

M

des quantitez de lumiere AB & YC. Par
le moyen de cette simple analogie, on
résoudra tous les Problémes qui se pre-
senteront sur la gradation de la lumiere, aussi-tôt que le corps lumineux
sera assez loin, pour qu'on puisse supposer que ses rayons sont paralleles.
En un mot, on fera précisément comme dans la Section troisiéme ; sinon
qu'on fera ici une expresse attention
aux masses de matiere que la lumiere
traverse, parce que les diminutions
qu'elle souffre, dépendent absolument
de ces masses. Nous ne nous servions
ci-devant que des simples épaisseurs :
mais aussi elles étoient alors proportionnelles aux quantitez de matiere, à
cause de la densité uniforme du milieu.

Il n'est pas nécessaire d'éclaircir ceci par des exemples : mais nous allons
joindre quelques réfléxions sur la nature de la *gradulucique*. Pour nous mettre en état de faire ces réfléxions, con-
duisons la tangente VT au point V de
Fig. 15. la *gradulucique* QVY du corps ABCD,
imaginons l'ordonnée *vn* infiniment
proche de l'ordonnée VN, & con-
duisons la petite ligne VO parallele
à l'axe BC. Cette petite ligne sera é-
gale à l'épaisseur M*m* ou N*n* de la tran-

che MN*nm* , & elle retranchera ſur
la premiere ordonnée VN, la petite
partie VO qui repreſente la petite diminution que ſouffre la lumiere dans le
trajet de la tranche. Enfin concevons
ſur le même axe BC, mais en dehors,
une autre courbe ERF dont les ordonnées BE, NR, CF, &c. expriment les divers degrez de denſité qu'a
le corps AC en chaque endroit ; c'eſt-
à-dire, que la premiere ordonnée BE
exprimera la condenſation dans AB, ou
la quantité de parties groſſieres qui
ſont arrangées ſur AB, & que pareillement l'ordonnée NR exprimera la maſſe de parties groſſieres arrangées ſur
MN : D'où il ſuit que la ſomme de
toutes les ordonnées BE, NR, &c.
ou que l'eſpace entier BEFC renfermé par la courbe ERF, repreſentera la
maſſe des parties groſſieres contenuës
dans le corps entier ABCD ; & les
ſegmens, comme BERN, marqueront
les maſſes de matiere contenuës dans
les parties comme ABNM.

Cela ſuppoſé, nous pouvons prouver que les ſoutangentes de la *gradulu-*
cique, ſont en chaque endroit, en raiſon inverſe des denſitez, ou ce qui
revient au même, qu'elles ſont en raiſon directe des dilatations. La petite di-

minution VO que souffre la lumiere dans le trajet de la tranche M N*nm*, dépend de ces trois choses, de la quantité VN de la lumiere qui se presente pour traverser cette tranche, de la densité NR , & de l'épaisseur N*n* de la tranche. Il est clair qu'elle dépend de la quantité VN de la lumiere ; car tout le reste étant égal , plus il se presente de rayons pour traverser un milieu , plus il y en a qui le traversent effectivement, & plus il y en a aussi qui sont interceptez. La petite diminution VO dépend encore de la densité NR & de l'épaisseur N*n* ; car plus cette densité & cette épaisseur sont grandes, plus la lumiere trouve de parties grossieres sur son chemin. Ainsi on voit que la diminution VO doit être toujours proportionnelle au produit $\overline{VN} \times \overline{NR} \times N\textit{n}$ & que nous pouvons la supposer égale à ce même produit divisé par une certaine grandeur constante a^2. Mais la ressemblance du petit triangle VO*v* & du grand VNT , nous donne cette analogie, VN | NT ∥ VO | O*v* = N*n* ; dont on tire l'équation $\overline{NT} \times \overline{VO} = \overline{VN} \times \overline{Nn}$; & si dans cette équation , on introduit $\dfrac{\overline{VN} \times \overline{NR} \times \overline{Nn}}{a^2}$

à la place de la petite diminution VO,

il nous viendra $\dfrac{\overline{NT} \times \overline{VN} \times \overline{NR} \times \overline{Nn}}{a^2} =$

$\overline{VN} \times \overline{Nn}$, qui se réduit à $\overline{NT} \times$ $\overline{NR} = a^2$, & qui nous apprend que la soutangente NT de la *gradulucique*, multipliée par l'ordonnée correspondante NR de la courbe ERF, forme toujours un produit constant a^2 ; & de là il suit que les soutangentes NT sont toujours en raison inverse des densitez NR.

Ainsi si on connoissoit en quelle proportion la lumiere diminuë dans un certain milieu, ou qu'on sçût la nature de la gradulucique QVY, il seroit très-facile de construire géometriquement la courbe ERF ou de découvrir la proportion que suivroient les condensations. La gradulucique QVY étant connuë, on auroit toutes ses soutangentes ; & il n'y auroit qu'à faire les ordonnées de la courbe ERF en raison inverse de ses soutangentes. Si , par exemple, la lumiere diminuoit de maniere que ses diverses forces fussent exprimées par les ordonnées d'une portion de parabole dont K est le sommet & BK l'axe ; de quelque genre que soit cette parabole, ses soutangentes seront toujours proportionnelles aux abscisses ou parties de l'axe KN., puisque c'est-là une des proprietez de toutes ces lignes courbes ; & les ordonnées de la ligne ERF, qui sont en raison inverse des soutangentes de la gradulucique, feront donc aussi en raison inverse des parties NK de l'axe : D'où il suit que la courbe ERF des densitez sera une portion d'hyperbole dont K sera le centre & BK une des asymptotes. Si nous supposons pour second exemple que la lumiere diminuë en progression géometrique, ou que la gradulucique soit une logarithmique ; toutes les soutangentes seront égales , & ainsi les ordonnées de la courbe ERF qui doivent être en raison inverse de ces soutangentes , feront donc aussi toutes é-gales entr'elles. Ce qui nous montre-roit , si nous ne le sçavions pas déja , que le milieu doit être dans ce cas par tout également dense.

Il est toujours facile de découvrir de cette sorte la nature de la courbe ERF, lorsqu'on connoît la gradulucique QVY , mais le Problême inverse est plus difficile ; c'est-à-dire , qu'on a plus de peine à trouver la nature de la gradulucique , lorsqu'on connoît les den-sitez. Il faut alors avoir recours à la méthode qu'on nomme inverse des tangentes : Car les densitez étant connuës, on sçaura la proportion que suivent les soutangentes de la gradulucique ; mais il s'agira ensuite de déterminer la courbe par le moyen de ces soutangentes. Lorsque la gradulucique se trouvera être une ligne géometrique, on poura réfoudre géometriquement toutes les questions qui se présentent sur la force de la lumiere, puisqu'on connoîtra alors exactement & d'une maniere finie, la relation des ordonnées & des abscisses, ou la relation des forces de la lumiere & des diverses épaisseurs du milieu. Mais le moyen le plus général & le plus commode dans la pratique, c'est de chercher les masses de matieres traverfées par les rayons, ou l'étenduë des segmens BERN BEFC, &c. de la courbe des densitez (ce qu'on pourra toujours au moins faire par approximation) & on découvrira ensuite les ordonnées de la gradulucique en employant les tables des logarithmes, & en faisant l'analogie que nous avons indiquée ci-devant. Si cette analogie avoit besoin d'être établie une seconde fois, nous n'aurions qu'à nommer x les épaisseurs variables BN du milieu ; ζ les densitez

NR ; & y, les forces correspondantes VN de la lumiere. Le calcul differentiel nous fourniroit $\frac{y\,dx}{dy}$ pour l'expression des soutangentes NT ; & puisque ces soutangentes multipliées par les densitez z, doivent toujours former un produit constant, nous aurions

$$a^2 = \frac{zy\,dx}{dy}$$ dont on déduiroit $\frac{a^2\,dy}{y} = z\,dx$,

équation dans laquelle les variables sont dégagées, & qui exprime généralement la relation de la gradulucique QVY & de la courbe des densitez ERF.

Mais le premier membre $\frac{a^2\,dy}{y}$ de cetté

équation est une differentielle logarithmique dont aLy est l'intégrale ; & le second membre $z\,dx$ est l'expression des petits trapezes élementaires NRrn de la courbe des densitez, ou l'expression des masses de matiere contenuës dans les petites épaisseurs N$n = dx$. Ainsi on trouve par l'intégration, conformément à ce que nous avons déja prouvé, que les logarithmes des diverses forces de la lumiere sont proportionnels aux segmens BERN ; ou aux masses de matiere traversées par les rayons.   Enfin

Enfin il est évident que la courbe QVY representera par ses ordonnées, les forces ou les vivacitez de la lumiere, toutes les fois que le corps lumineux sera à une très-grande distance, & que les rayons seront sensiblement paralleles ; car les forces de la lumiere sont dans ce cas proportionnelles aux quantitez de rayons qui traversent, sans être interceptez. Mais si le corps lumineux est à une trop petite distance, pour qu'on puisse regarder ses rayons comme paralleles, les ordonnées VN, YC, &c. de la courbe QVY exprimeront bien encore les quantitez de la lumiere qui parviendront en chaque endroit ; mais comme ces quantitez se distribueront dans de plus grands espaces, la lumiere sera plus foible à proportion. Ainsi QVY ne sera point alors la gradulucique ; car QVY ne represente que les seules diminutions causées par le défaut de transparence du milieu, au lieu que la lumiere diminuë encore par la divergence de ses rayons. C'est pourquoi il faudroit diviser les ordonnées de QVY par les quarrez des distances au corps lumineux, pour avoir, dans ce cas, les ordonnées de la gradulucique. Il n'est pas nécessaire d'expliquer tout ceci davantage.

N

I I.

De la transparence de l'Atmosphere.

NOus ne pouvons gueres appliquer la théorie précédente qu'à l'Atmosphere; car il n'y a gueres d'autres corps, dont nous connoissions les diverses condensations. Nous réduisons d'abord la question à découvrir les masses d'air que traversent les rayons de lumiere qui nous viennent des astres; nous acheverons ensuite le reste par le moyen des tables des logarithmes.

Fig. 16. & 17.

Soit BAC une portion de la surface de la terre, dont T est le centre. Supposons que l'observateur est en A, & concevons sur la verticale AD, une courbe GER dont les ordonnées AG, FE, DR, &c. representent les densitez de l'air dans tous les endroits de l'Atmosphere: GA marque la densité de l'air ici bas; EF la represente à la hauteur AF au-dessus de la terre, & ainsi de toutes les autres. Si un astre étoit au zénit, l'étenduë entiere AGERDA renfermée entre la courbe & son axe, exprimeroit comme il est évident, la masse d'air que les rayons

de cet aftre auroient à pénetrer, a-
vant de parvenir jufqu'à nous. Mais
fuppofé que l'aftre ne foit pas fi élevé,
& qu'il nous paroiffe fur quelque ligne
AMS, il faudra, fi nous voulons avoir
la maffe d'air traverfée par fa lumiere,
tranfporter les ordonnées de la courbe GER, fur la ligne AS en les lui ap-
pliquant perpendiculairement : nous
formerons de cette forte une nouvelle courbe LNV differente de la premiere, & ce fera fon étenduë ALNVSA
qui exprimera la maffe d'air requife. Il
eft évident que la courbe LNV fera
differente de la premiere ; car les points
M & S étant également éloignez du
centre de la terre que les points F &
D, les ordonnées MN & SV feront
égales aux ordonnées FE & DR, mais
ces ordonnées ne feront pas appliquées
dans les deux courbes, aux mêmes parties des deux axes AS & AD. On n'a
en effet qu'à concevoir AD divifé par
la penfée, en une infinité de petites
parties égales à F*f*, il eft fenfible que
les petites parties correfpondantes M*m*
de l'axe BS de la feconde courbe, ne
feront pas égales entr'elles. Les parties
M*m* feront d'autant plus grandes, qu'-
on les prendra plus proche du point
A ; c'eft-à-dire, que le rayon de lumie-

re aura beaucoup plus de chemin à faire à proportion, dans la partie baſſe de l'Atmoſphere, que dans la partie haute. Ainſi les maſſes d'air ALVS, AGRD ne ſeront pas proportionnelles à la longueur des trajets SA, DA.

Pour repreſenter généralement le rapport qu'il y a entre toutes ces maſſes d'air, nous nommerons a le ſemidiametre TA de la terre & abaiſſant TY perpendiculairement ſur le rayon de lumiere SA prolongé vers Y, nous nommerons b le ſinus AY de l'angle ATY qui eſt égal à la hauteur apparente de l'aſtre, puiſqu'il eſt le complement de l'angle TAY qui a pour meſure la diſtance de l'aſtre au zénit : nous nommerons x les abſciſſes ou les parties variables AF de la hauteur verticale de l'Atmoſphere, ce qui nous donnera $a + x$ pour les diſtances variables FT ou MT au centre T de la terre; & enfin déſignant par l'unité la premiere ordonnée AG qui marque la denſité qu'a l'air ici bas, nous prendrons $1 - z$ pour l'expreſſion de toutes les autres denſitez EF, RD, &c. ou MN, SV, &c. c'eſt-à-dire, que ſi GQ eſt parallele à AD & LH à AS; z exprimera KE, QR, &c. ou ZN, HV, &c.

Cela supposé, nous aurons,

$$\sqrt{a^2 + 2ax + x^2 - \overline{TY}^2} = \sqrt{\overline{TM}^2 - \overline{TY}^2}$$

pour la valeur de YM; & si nous faisons attention que, $a2 - \overline{TY}^2$, ou $\overline{TA}^2 - \overline{TY}^2$ est égal à $\overline{YA}^2 = b^2$, nous n'avons qu'à substituer b^2 à la place de $a^2 - TY^2$ dans l'expression

$$\sqrt{a^2 + 2ax + x^2 - \overline{TY}^2},$$ & nous la réduirons à $\sqrt{b^2 + 2ax + x^2}$, qui est donc encore la valeur de YM. Je prends maintenant la differentielle de

$\sqrt{b^2 + 2ax + x^2}$, en traitant simpleplement $AF = x$ de variable, & il me

vient $\dfrac{adx + xdx}{\sqrt{b^2 + 2ax + x^2}}$ pour l'expression

de la petite partie M*m* qui correspond à la petite partie F*f* $= dx$, ou qui est interceptée entre les mêmes arcs de cercle FM, *fm*. On peut trouver encore la même expression, en prolongeant l'arc FM jusqu'en P & en considerant que le petit triangle rectangle MP*m* est semblable au grand TYM; car cette ressemblance donnera cette

N iij

proportion, $YM = \sqrt{b^2 + 2ax + x^2}$ |
$TM = a + x$ ‖ $Pm = Ff = dx$ | Mm

$$= \frac{\overline{a + x} \times dx}{\sqrt{b^2 + 2ax + x^2}}.$$ Enfin Mm étant trou-

vée, il est clair que si nous le multiplions par $MN = FE = 1 - z$, nous au-

rons $\dfrac{\overline{1 - z} \times \overline{a + x} \times dx}{\sqrt{b^2 + 2ax + x^2}}$, pour le petit

trapeze $MmnN$ qui exprime la masse
d'air contenuë dans le trajet infiniment petit Mm & qui sert d'élement
à l'étenduë $ALVS$. Ainsi

$$\int \frac{\overline{1 - z} \times \overline{a + x} \times dx}{\sqrt{b^2 + 2ax + x^2}}$$ est cette étenduë:

mais on ne peut trouver cette intégrale, à moins de connoître la nature particuliere de la courbe GER, & de
sçavoir la relation qu'il y a entre ses
abscisses x & ses ordonnées, $1 - z$.
Cette relation étant donnée, on pour-

ra reduire $\dfrac{\overline{1 - z} \times \overline{a + x} \times dx}{\sqrt{b^2 + 2ax + x^2}}$ à ne con-

tenir qu'une seule variable; & il sera
ensuite toujours possible de découvrir

l'intégrale $\displaystyle\int \frac{\overline{1 - z} \times \overline{a + x} \times dx}{\sqrt{b^2 + 2ax + x^2}}$, au moins par approximation.

Il faut remarquer que nous négligeons ici la courbure que la réfraction fait souffrir aux rayons de lumiere, quoique cette courbure les rende un peu plus longs. Il est certain que la réfraction astronomique est trop petite, pour que le rapport des sinus d'incidence & de réfraction soit conforme à celui des densitez de l'air. La réfraction suit certainement un autre rapport; & peut-être aussi qu'elle est causée par une matiere particuliere répanduë dans l'Atmosphere, comme l'ont déja soupçonné quelques Auteurs. Si on nomme u les condensations qu'a cette matiere particuliere à differentes élevations x au-dessus de la terre; k sa plus grande condensation qui doit être celle d'ici bas, & c le sinus complement de la hauteur apparente de l'astre, nous pourrions prouver qu'alors la petite partie Mm du rayon de lumiere SA, au lieu

d'être $\dfrac{\overline{a+x} \times dx}{\sqrt{b^2 + 2ax + x^2}}$, est

$\dfrac{u \times \overline{a+x} \times dx}{\sqrt{a^2u^2 + 2axu^2 + x^2u^2 - c^2k^2}}$. Or si nous

multiplions cette valeur de Mm par les densitez $1 - z$ de l'air grossier, il

nous viendra
$$\frac{u \times \overline{1-z} \times \overline{a+x} \times dx}{\sqrt{a^2 u^2 + 2axu^2 + x^2 u^2 - c^2 k^2}}$$

pour le petit trapeze élementaire MmnN. Mais cette nouvelle considération rendroit le Problême d'autant plus compliqué, qu'il est très-difficile de découvrir la relation que suivent entr'elles les condensations u de la matiere réfractive : & d'ailleurs comme la plus grande réfraction astronomique n'est que de 32 minutes quelques secondes, nous ne rendrions pas notre calcul beaucoup plus exact. C'est pourquoi nous négligerons la réfraction, & nous continuerons de prendre

$$\int \frac{\overline{1-z} \times \overline{a+x} \times dx}{\sqrt{b^2 + 2ax + x^2}}$$

pour la valeur des masses d'air que la lumiere des astres traverse, dans toutes les hauteurs au-dessus de l'horison.

Il ne s'agit donc maintenant que d'embrasser un sistéme sur les condensations de l'air, afin d'en déduire la nature de la courbe GER, & de pouvoir par la relation connue de ses abscisses x & de ses ordonnées $1-z$, chasser, ou z, ou x de l'expression

$$\frac{\overline{1-z} \times \overline{a+x} \times dx}{\sqrt{b^2 + 2ax + x^2}}$$

; ce qui nous permet-

tra de l'intégrer. Sans prétendre rejet-
ter les autres fiftèmes , nous employerons celui de M. Mariotte , qui fait
les condenfations de l'air exactement
proportionnelles aux pefanteurs dont
il eft chargé; c'eft-à-dire, que fi la maffe
d'air reprefentée par l'étenduë DAGR
eft double ou triple de la maffe reprefentée par DFER , la denfité en A fera
double ou triple de celle qu'a l'air en
F, ou ce qui revient au même , GA
fera double ou triple de EF. Alors la
courbe GER fera une logarithmique ;
car il eft démontré que c'eft une des
propriétez de cette ligne courbe , &
que c'eft une propriété qui lui eft particuliere , que les efpaces DAGR &
DFER qui font au-deffus des ordonnées GA & EF & qui s'étendent à une
hauteur infinie , font égaux aux produits de ces ordonnées par la foutangente ; & de là il fuit que les efpaces
DAGR , DFER font entr'eux comme
les ordonnées G A & EF , puifque la
foutangente eft toujours la même.
Mais ce n'eft pas affez de fçavoir que
la courbe GER des denfitez eft une logarithmique, il nous faut auffi en fçavoir l'efpece , ou ce qui la diftingue
de toutes les autres ; & c'eft ce que
nous ne pouvons pas faire d'une ma-

niere plus naturelle, qu'en cherchant
la grandeur de sa soutangente. Comme il n'y a point au Croisic de montagne ni d'élévation qui me permît de
faire l'expérience du barometre ; je me
suis servi d'une observation faite en
Provence sur le Mont Clairet, par feu
M. de la Hire. Ce savant Académicien remarqua qu'au bord de la mer,
la hauteur du mercure étoit de 28 pouces 2 lignes, & qu'au haut du Mont
qui est élevé de 257 toises, le mercu-
re n'avoit plus que 26 pouces $4\frac{1}{2}$ lignes.
Or les hauteurs 28 pouces 2 lignes, &
26 pouces $4\frac{1}{2}$ lignes du mercure, étant
proportionnelles aux pesanteurs de
l'air, les ordonnées GA & EF qui
sont aussi proportionnelles à ces pesanteurs, feront en même raison que les
hauteurs du mercure. Ainsi si AF represente l'élévation du Mont Clairet
qui est de 257 toises, les deux ordonnées AG & FE feront en même raison que 28 pouces 2 lignes & 26 pou-
ces $4\frac{1}{2}$ lignes, ou en même raison que
338 & $316\frac{1}{2}$. Mais connoissant ainsi le
rapport des deux ordonnées AG & FE
de la logarithmique GER, nous n'aurons qu'à faire l'analogie que nous a-
vons expliquée dans le Problême IV.
de la troisième Section, pour décou-

couvrir fa foutangente FX. Nous ferons, 285433 qui eſt la difference des logarithmes de 338 & de 316 $\frac{1}{2}$ eſt à AF qui eſt de 257 toiſes, comme la foutangente 4342945 des tables, eſt à environ 3911 toiſes; de forte que la foutangente FX de la logarithmique, qui repréſente par ſes ordonnées, dans le ſiſtéme de M. Mariotte, toutes les condenſations de l'Atmoſphere, eſt d'environ 3911 toiſes.

Après cela nous nommerons f cette foutangente, & comme la Géometrie tranſcendante nous fournit $dx = fdz + fzdz + fz^2dz + fz^3dz + $ &c. nous aurons l'équation infinie $x = fz + \frac{1}{2}fz^2 + \frac{1}{3}fz^3 + \frac{1}{4}fz^4 + $ &c. pour l'expreſſion du rapport qu'il y a entre les abſciſſes $AF = x$, & les ordonnées $FE = 1 - z$; nous aurons $a + fz + \frac{1}{2}fz^2 + \frac{1}{3}fz^3 + $ &c. pour la valeur de $a + x$; & $b^2 +$

$$2afz + \overline{af + f^2} \times z^2 + \frac{2}{3}\overline{af + f^2} \times z^3 +$$

&c. pour celle de $b^2 + 2ax + x^2$; & élevant cette derniere, à la puiſſance dont $-\frac{1}{2}$ eſt l'expoſant, nous aurons

$$\frac{1}{b} - \frac{afz}{b^3} + \frac{\frac{3}{2}a^2f^2 - \frac{1}{2}ab^2f - \frac{1}{2}b^2f^2}{b^5} \times z^2$$

$$\frac{-\frac{5}{2}a^3f^3 + \frac{3}{2}a^2b^2f^2 + \frac{3}{2}ab^2f^3 - \frac{1}{2}ab^4f - \frac{1}{2}b^4f^2}{b^7} \times z^3,$$

pour l'expression de $\overline{b^2+2ax+x^2}{}^{-\frac{1}{2}}$,

ou de $\dfrac{1}{\sqrt{b^2+2ax+x^2}}$. Or si on intro-duit toutes ces valeurs dans l'élement

$$\frac{\overline{1-z}\times\overline{a+x}\times dx}{\sqrt{b^2+2ax+x^2}}$$ des masses d'air, il

nous viendra $\dfrac{afdz}{b}-\dfrac{a^2f^2+b^2f^2}{b^3}\times zdz$

$$+\frac{\frac{3}{2}a^3f^3-\frac{1}{2}a^2b^2f^2-\frac{3}{2}ab^2f^3+\frac{1}{2}b^4f^2}{b^5}\times z^2dz-$$

&c. Et si on integre terme à terme, on

aura la suite infinie $\dfrac{afz}{b}-\dfrac{\frac{1}{2}a^2f^2+\frac{1}{2}b^2f^2}{b^3}\times z^2$

$$+\frac{\frac{1}{2}a^3f^3-\frac{1}{6}a^2b^2f^2-\frac{1}{2}ab^2f^3+\frac{1}{6}b^4f^2}{b^5}\times z^3-\text{\&c.}$$

qui sera par conséquent la valeur de

$$\int\frac{\overline{1-z}\times\overline{a+x}\times dx}{\sqrt{b^2+2ax+x^2}}.$$ Ainsi on n'aura plus

qu'à substituer dans cette suite le rayon
de la terre à la place de a ; le sinus AY
de la hauteur apparente de l'astre à la
place de b, la soutangente FX à la place de f, & l'unité à la place de z,
& il viendra la masse d'air qui se
trouve le long du rayon de lumiere SA.
Il faut substituer l'unité à la place de

z; parce que l'ordonnée RD $= 1 - z$ de la logarithmique GER devient nulle à une distance infinie; ce qui ne peut arriver que lorsque z est égale à 1. Si on ne suppofoit z égale, qu'à quelque partie de l'unité, comme à ZN ou à HV, on ne trouveroit pas la maffe d'air contenuë fur le rayon entier, mais fimplement fur fes parties AM ou AS.

Lorfque l'aftre eft au zenit, le finus AY (b) fe trouve égal au rayon AT (a), & alors tous les termes de la fé-rie $\frac{afz}{b} - \frac{\frac{1}{2} a^2 f^2 + \frac{1}{2} b^2 f^2}{b^3} \times z^2 +$ &c. s'é-vanouiffent excepté le premier; de forte que cette férie fe reduit à fz, ou à $f \times 1$, lorfqu'on met l'unité à la place de z. C'eft ce qui nous montre que la lumiere traverfe, dans ce cas, la même quantité d'air que fi elle traverfoit ici bas un efpace de 3911 toifes ou un efpace égal à la foutangente f; & c'eft auffi ce qu'on peut vérifier fort aifé-ment. En effet l'efpace logarithmique DAGR étant égal au rectangle qui a pour bafe GA ou l'unité, & pour hau-teur la foutangente f; c'eft une marque que fi l'Atmofphere étoit par tout de même denfité qu'ici bas, il ne s'éten-droit pas à une fi grande diftance de la terre, mais qu'il s'étendroit simplement à la hauteur f de 3911 toises : & ainsi une semblable épaisseur d'air grossier seroit équivalente à la hauteur qu'a actuellement l'Atmosphere, & que traverse la lumiere des astres, lorsqu'ils sont au zénit. Ce n'est que dans ce cas que notre série devient finie ; & dans tous les autres, il faut la pousser à un certain nombre de termes, pour qu'elle donne assez exactement la valeur des masses d'air. C'est là un inconvénient qui est commun à toutes les séries ; mais ce qui nous oblige d'en chercher encore ici une autre, c'est que lorsque le sinus AY (b) est égal à zéro, ce qui arrive lorsque l'astre est dans l'horison, tous les termes de la

série $\dfrac{afz}{b} \dfrac{-\frac{1}{2}a^2f^2 + \frac{1}{2}b^2f^2}{b^3} \times z^2 + \&c.$ de-

viennent infinis ; de sorte qu'on ne peut alors en tirer aucun usage.

Pour trouver cette autre suite, j'ai fait attention que lorsque l'astre est dans l'horison notre formule générale

$$\int \frac{\overline{1-z} \times \overline{a+x} \times dx}{\sqrt{b^2 + 2ax + x^2}}$$ se reduit à

$$\int \frac{\overline{1-z} \times \overline{a+x} \times dx}{\sqrt{2ax + x^2}}$$, parce que $b = 0$.

J'ai cherché ensuite les valeurs de $a+x$ de dx, & de $\dfrac{1}{\sqrt{2ax+x^2}}$ ou de $\overline{2ax+x^2}\,{}^{-\frac{1}{2}}$ comme ci-devant; & j'ai reconnu, en multipliant toutes ces valeurs par $1-z$

que, $\dfrac{\overline{1-z}\times\overline{a+x}\times dx}{\sqrt{2ax+x^2}}$ se réduit à la suite infinie

$$\dfrac{\overline{af}^{\frac{1}{2}}\times dz}{\sqrt{2}\times z^{\frac{1}{2}}}\;\dfrac{-af+3f^2}{4\times\overline{2af}^{\frac{1}{2}}}\times z^{\frac{1}{2}}\,dz$$

$$\dfrac{-7a^2f^2+18af^3-15f^4}{96\times\overline{2af}^{\frac{1}{2}}\times af}\times z^{\frac{3}{2}}\,dz-\&c.$$

dont l'integrale telle qu'on la trouve terme à terme, est

$$\dfrac{2afz^{\frac{1}{2}}}{2af^{\frac{1}{2}}}-\dfrac{af+3f^2}{6\times\overline{2af}^{\frac{1}{2}}}\times z^{\frac{3}{2}}$$

$$\dfrac{-7a^2f^2+18af^3-15f^4}{240\times\overline{2af}^{\frac{1}{2}}\times af}\times z^{\frac{5}{2}}$$

$$\dfrac{-5a^3f^3+13a^2f^4-15f^5+7f^6}{448a^2f^2\times\overline{2af}^{\frac{1}{2}}}\times z^{\frac{7}{2}}-\&c.$$

Or on peut par cette nouvelle suite, découvrir non-seulement la masse d'air traversée par la lumiere des astres qui sont dans l'horison, on peut découvrir aussi, mais avec un peu plus de peine, les masses traversées par les rayons qui nous viennent de toutes les autres hauteurs.

Table des masses d'air contenuës dans l'Atmosphere, & des forces qu'a la lumiere des Astres, après avoir traversé ces masses.

Hauteurs apparentes des Astres.	Masses d'air exprimées par des épaisseurs équivalentes d'air grossier d'ici bas.	Forces de la lumiere des Astres lorsqu'elle parvient à nous.	Hauteurs apparentes des Astres.	Masses d'air exprimées par des épaisseurs équivalentes d'air grossier d'ici bas.	Force de la lumiere des Astres lorsqu'elle parvient à nous.
Degrez	Toises		Degrez	Toises	
90	3911	8123	15	14860	4551
80	3970	8098	14	15880	4301
70	4161	8016	13	17012	4050
66°.11'	4275	7968	12	18344	3773
65	4314	7952			
60	4517	7866	11	19908	3472
55	4776	7759	10	21745	3149
50	5104	7614	9	23975	2797
45	5530	7454	8	26672	2423
40	6086	7237			
35	6813	6963	7	29996	2031
30	7784	6613	6	34300	1616
25	9191	6136	5	39893	1201
20	11341	5474	4	47480	802
19°.16'	11744	5358	3	58182	454
19	11890	5320	2	74429	192
18	12515	5143	1	100930	47
17	13220	4954	0	138823	5
16	14000	4753			

10000 exprime la force qu'a la lumiere avant d'entrer dans l'Atmosphere.

Enfin la Table précédente contient toutes les maſſes d'air , pour toutes ces hauteurs, depuis l'horiſon juſqu'au zénit. Ces maſſes que nous avons cherchées ſans pouſſer l'approximation extremement loin , ſont marquées dans la ſeconde & la cinquiéme colomne, & elles ſont exprimées par des épaiſſeurs équivalentes d'air groſſier d'ici bas , ou par des épaiſſeurs qui renferment la même quantité de parties d'air. Si on trouve, par exemple , 3911 toiſes vis-à-vis de 90 degrez; c'eſt parce que dans toute la hauteur de l'Atmoſphere il y a , comme nous l'avons fait voir , la même maſſe d'air que dans une épaiſſeur de 3911 toiſes d'air groſſier d'ici bas. On trouve pareillement 138823 toiſes vis-à-vis de 0 deg. de hauteur , parce que la lumiere des aſtres qui ſont dans l'horiſon, a autant d'air à traverſer , avant de parvenir à nous , que ſi elle faiſoit un trajet de 138823 toiſes , dans notre air groſſier. Cette Table n'a pas beſoin, ſur ce point, d'une plus grande explication : Mais il nous reſte à parler de la troiſiéme & de la ſixiéme colomne.

Nous avons marqué dans ces deux colomnes les forces de la lumiere qui nous vient des aſtres , malgré le défaut de transparence de l'Atmosphere. Les Lecteurs doivent ici se rappeller comment nous avons découvert dans la premiere Section qu'une épaisseur de 7469 toises de notre air grossier, affoiblit la lumiere dans le rapport de 2500. à 1681. Nous avons fait cette détermination en observant la lumiere de la lune à deux différentes hauteurs. Nous avons vû que lorsque cette Planete descend de 66 degrez 11 minutes de hauteur apparente à 19 degrez 16 minutes, sa lumiere diminuë dans le rapport de 2500 à 1681; & comme nous avions déja calculé d'avance les masses d'air traversées par les rayons & que nous sçavions qu'elles étoient équivalentes à des trajets de 4275 toises & de 11744 toises dans l'air grossier, nous avons conclu qu'une épaisseur de 7469 toises faisoit diminuer la lumiere d'environ un tiers, ou dans le rapport de 2500 à 1681; parce que toute la diminution qu'on apperçoit, lorsque l'astre est proche de l'horison, ne peut venir que de l'excès du second trajet sur le premier. Cela supposé, il est maintenant facile de supputer les affoiblissemens que l'Atmosphere cause à la lumiere des astres, dans toutes les hauteurs: Car puisque nous avons découvert toutes les maffes d'air & que nous les avons réduites à des épaiffeurs fimples , il n'eft plus quéftion que de chercher les diminutions que doivent caufer ces épaiffeurs.

Pour trouver donc combien la lumiere perd de fa force en parvenant à nous, lorfque l'aftre eft, par exemple, au zénit, nous n'avons qu'à chercher combien elle doit diminuer par un trajet de 3911 toifes. Nous ferons pour cela cette analogie; 7469 toifes font à 1723723 qui eft la difference des logarithmes de 2500 & 1681 , ou qui eft le logarithme du rapport $\frac{2500}{1681}$, comme 3911 toifes font à 902594 , pour la difference des logarithmes des forces de la lumiere, ou pour le logarithme du rapport felon lequel elles diminuent. De forte que fi on fuppofe que la premiere force eft exprimée par 10000 , il n'y aura qu'à ôter 902594 du logarithme 4. 0000000 de 10000 , & il nous reftera le logarithme 3. 9097406 de 8123; ce qui nous apprend que la lumiere des aftres, en traverfant verticalement l'Atmofphere, fe réduit de 10000 degrez à 8123 , ou qu'elle ne perd pas tout-à-fait, dans ce trajet , la cinquiéme partie de fa force. Si on demande pareillement la diminution que caufe l'Atmosphere lorsque l'astre est à 5 degrez de hauteur, on n'a qu'à faire le calcul pour une épaisseur de 39893 toises; & on trouvera que la diminution se fait dans le rapport de 10000 à 1201, & qu'ainsi il ne parvient à nous qu'environ la huitiéme partie des rayons, tous les autres étant interceptez. C'est de cette sorte que nous avons calculé tous les autres nombres de la troisiéme & de la sixiéme colomne : & ces nombres nous marquent en même-tems, combien la lumiere que nous recevons, est plus foible que celle qui se présente pour entrer dans l'Atmosphere ; & combien les astres nous éclairent davantage, lorsqu'ils sont à une grande hauteur, que lorsqu'ils sont à une petite. On voit, par exemple, que lorsqu'un astre a environ $17\frac{1}{3}$ degrez de hauteur, il nous éclaire deux fois plus que lorsqu'il n'est élevé que de 8 degrez quelques minutes ; & que dans le premier cas, il parvient à nous la moitié de sa lumiere totale; au lieu que dans le second, il ne nous en parvient que le quart.

F I N.

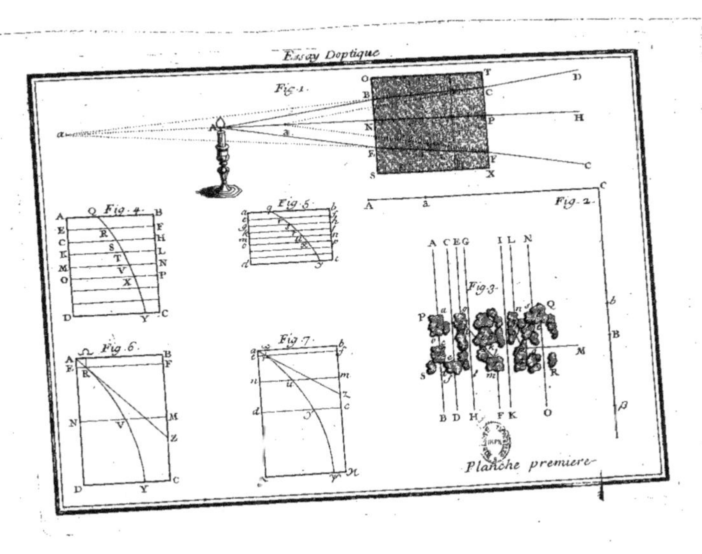

Essay Doptique
Fig. 1.
Fig. 2.
Fig. 3.
Fig. 4.
Fig. 5.
Fig. 6.
Fig. 7.
Planche premiere

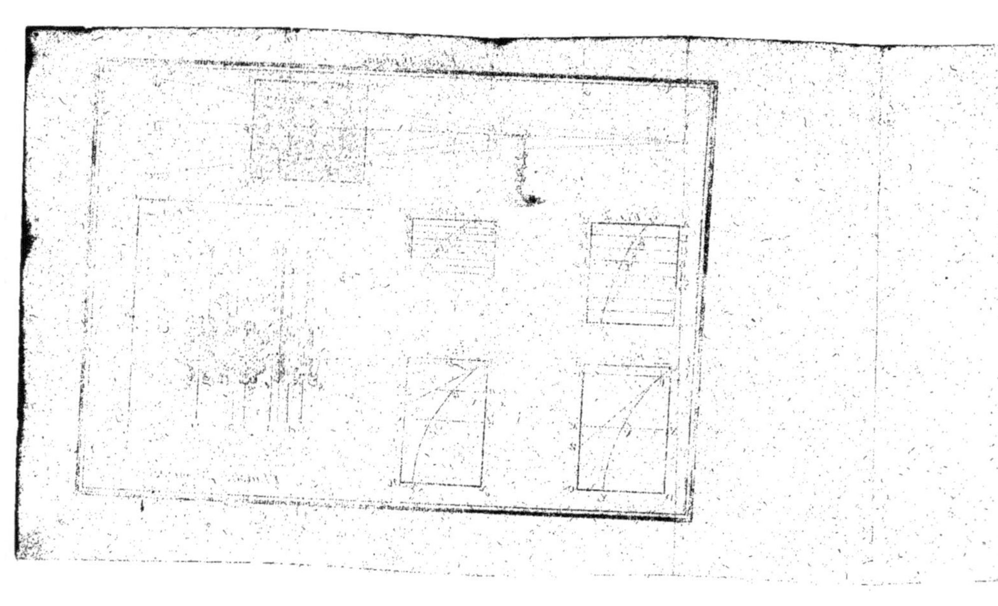

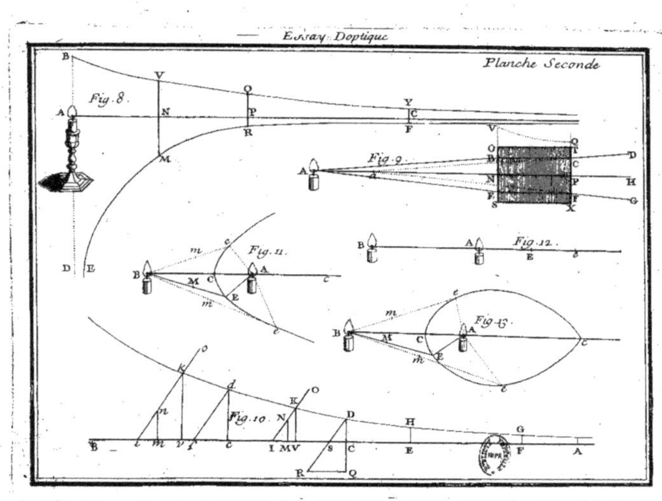
Planche Seconde
Fig. 8.
Fig. 9.
Fig. 11.
Fig. 12.
Fig. 13.
Fig. 10.

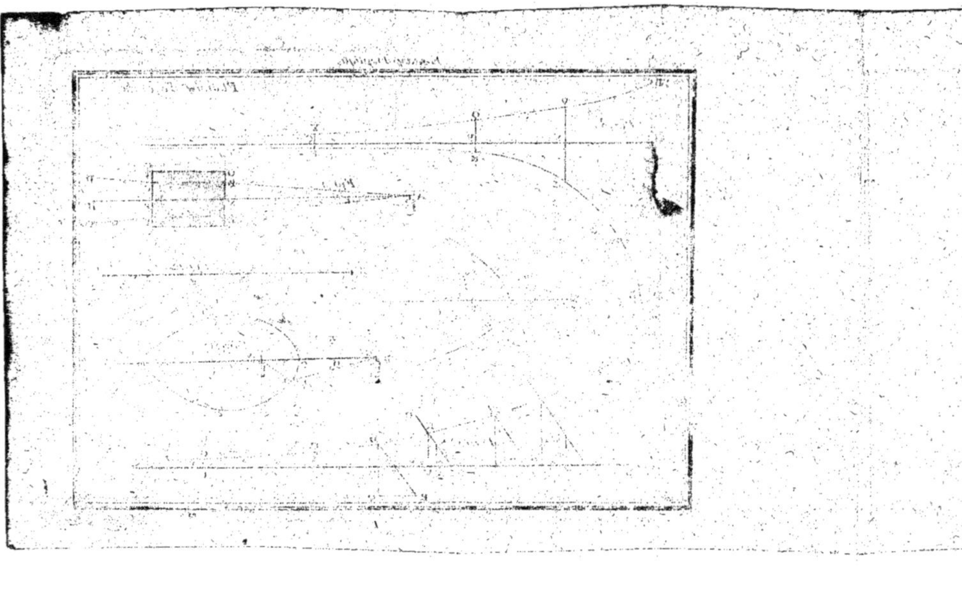

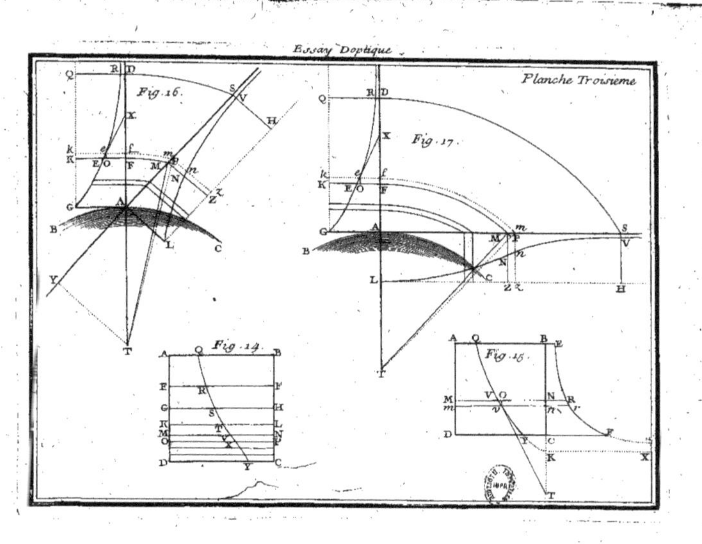
Essay D'optique
Planche Troisieme
Fig. 16.
Fig. 17.
Fig. 14.
Fig. 15.

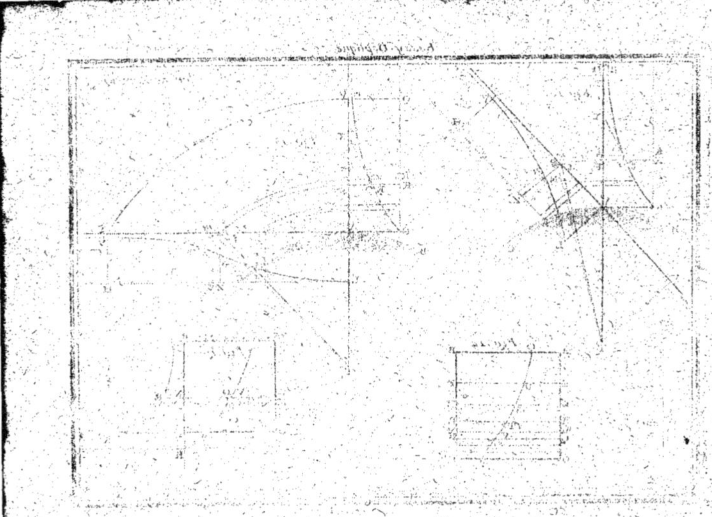

ERRATA.

PAge 43 ligne 25, *effacez* aussi.

    Page 49 *ligne* 13, *écrivez* QRXY

Page 52 *l. prem. lisez* est plus transparent.

Page 54 *ligne prem. lisez* YC , *& ligne derniere, lisez* c'est-à-dire donc, par exemple, que, &c.

Page 59 *l.* 22, *lisez* selon que leurs grains.

Page 70 *lig.* 17, *lisez*
$$Y = \frac{A \times B^{\frac{f}{c}}}{A^{\frac{f}{c}}} = \frac{B^{\frac{f}{c}}}{A^{\frac{f-c}{c}}}$$

Page 88 *ligne* 16, *mettez une virgule après* lignes courbes.

Page 92 *lig.* 6, *lisez* $-\frac{x^3}{120 b^5} + \frac{x^4}{720 b^6}$ &c.

Page 97 *ligne* 12, *au lieu de* $b + Lq \times$ &c. *lisez* $b \times L q \times$ &c.

Page 109 *ligne* 8, *lisez* $\frac{q}{b} n + 2L$ &c.

Page 112 *ligne* 2, *lisez* $+ 2Lm$.

Page 114 *ligne* 16, *lisez* $QR = ge$.

Page 122 *ligne* 13, *lisez* $= L \frac{fa}{b} \times \frac{\overline{e+m}^2}{m^2}$.

Page 125 *ligne* 3, *effacez* enforte qu'ils,
ligne 4, *au lieu de* foient *lifez* font,
& ligne 14, *lifez* + 2L*m*.

Page 126 *l.* 8, *lifez* + $\frac{1}{2}$ L$\frac{b}{a}$.

Page 138 *ligne* 29, *lifez* *v*O.
Page 141 *l.* 23, *lifez* de ces foutangentes.

---

*Le Public eft averti que le même Libraire
vient de mettre au jour plufieurs
Livres Nouveaux, fçavoir,*

LA Science des Ingenieurs dans la conduite des
Travaux de Fortification, & d'Architecture ci-
vile : divifée en fix livres. Le premier traite de la Pouf-
fée des terres contre les revêtemens. Le fecond de la
Mécanique des voûtes, pour montrer la maniere de
déterminer l'épaiffeur de leurs Piédroits. Le troifiéme
de la connoiffance des Materiaux, leurs proprietez,
leurs détails, & la maniere de les mettre en œuvre. Le
quatriéme de la Conftruction de tous les Edifices qui
fe font dans les Places de guerre, & des Bâtimens des
particuliers. Le cinquiéme des cinq Ordres d'Architecture, & en un mot de tout ce qui peut appartenir à
la Décoration des Edifices. Le fixiéme enfin comprend
les Devis particuliers & les Détails de tous les Ouvrages qui peuvent entrer dans une Place neuve, & des
Bâtimens civils. Par M. de Belidor Profeffeur Royal
des Mathematiques, & Commiffaire ordinaire d'Artillerie,&c. Examiné & approuvé par Meffieurs les Ingenieurs, & les Architectes du premier Ordre : deux

volumes *in quarto, grand papier*. Enrichi de cinquante
quatre grandes Planches *in folio*. 1729.   24 l.

Architecture Moderne, ou l'Art de bien bâtir pour
toutes sortes de personnes, tant pour les Maisons des
particuliers, que pour les Palais : divisée en cinq livres. Le premier traite de la Construction & de l'Em-
ploy des Materiaux. Le second de la distribution de
toutes sortes de Places, à commencer par une Maison
de deux Toises ; de toise en toise, jusqu'à un Palais de
trente-quatre toises de face. Le troisiéme de la maniere de faire les Devis generaux & particuliers. Le quatriéme du Toisé des Bâtimens selon la Coutume de
Paris. Le cinquiéme des Us & Coutumes concernant
les Bâtimens & Rapports des Jurez Experts. Enrichi
de 150 Planches en taille douce. Deux volumes *in
quarto, grand papier*. 1728.   30 l.

Traité de Perspective pratique, avec des Remar-
ques sur l'Architecture : Suivi de quelques Edifices
considerables de l'invention de l'Auteur, avec leurs
Plans & Elevations, par M. Courtonne Architecte du
Roy, *folio*.   12 L.

Nouveau Traité de la Coupe des Pierres, où par
une methode courte & facile, l'on peut aisément se
perfectionner en cette science. Par M. Delarüe Architecte du Roy. Enrichi de cent Planches en taille douce.
De l'Imprimerie Royale, 1728. *In folio, grand papier*,   36 l.

Recueil des Pieces qui ont remporté le Prix de l'A-
cademie Royale des Sciences depuis 1720. où ils ont
commencé, jusqu'à present, & des Pieces qui ont con-
couru. Gros volume *in quarto*, avec beaucoup de Figures en taille douce, 1728.   16 l.

*L'on vend aussi lesdites Pieces séparément, & l'on
continuëra d'en donner au Public tous les ans.*

Nouveau Cours de Mathematique appliqué à l'u-
sage de l'Artillerie & du Genie, où l'on applique la
Theorie de la Geometrie, des Sections Coniques, de
la Trigonometrie, du Nivellement, &c. aux princi-

pales choſes dont les Officiers d'Artillerie, les Mi-
neurs, Sappeurs, &c. ont la conduite. Par M. De
Belidor Commiſſaire ordinaire d'Artillerie, &c.
Gros *in quarto* enrichi de trente-cinq Planches qui
ſortent. 1726.   16 l.

Les Recreations Mathematiques & Phyſiques,
qui contiennent pluſieurs Problêmes curieux & utiles,
de Geometrie, d'Optique, de Mecanique, de Phyſi-
que, de Pyrotechnie & de Coſmographie : Avec un
Traité des Horloges Elementaires, & un nouveau
Traité des tours de gibeciere & de gobelets. Nouvelle
Édition en quatre volumes *in octavo*, enrichie de deux
cens Planches en taille douce. 1725.   20 l.

La Nouvelle Mechanique de M. Varignon des
Academies Royales des Sciences de France, d'Angle-
terre & de Pruſſe, dont le Projet a été donné en 1688.
Deux volumes *in quarto*, enrichis de ſoixante-cinq
Planches qui ſortent dehors. 1725.   20 l.

*Davidis Gregorii Aſtronomiæ Phyſicæ & Geometri-
cæ Elementa, quibus acceſſerunt Cometographia Hal-
liana, brevis Horologiorum Sciotericorum Tractatus
& duplex Index.* Deux volumes *in quarto*, avec
quarante-huit Planches en taille douce qui ſortent.
Geneva 1727.   20 l.

Traité du Jaugeage, ou le Jaugeage réduit à des
principes purement geometriques, & à une Methode
courte & facile. *In douze*, Figures. 1728. 1 l. 10 ſ.

La Geometrie Theori pratique démontrée dans un
ordre nouveau & par des preuves la plûpart nouvelles, enrichie de quantité de découvertes de l'Auteur.
Par M. Parent de l'Academie Royale des Sciences. *In
octavo*, Fig.   5 l.

———*Idem*. Traité d'Arithmetique Theori-pratique
dans ſa plus grande perfection. Par M. Parent de
l'Academie Royale des Sciences. *In octavo*.   3 l.